高等职业教育 CATIA 软件应用规划教材

CATIA 软件应用与实战演练(初级篇)

张新红◎主　编
战淑红◎副主编

中国铁道出版社有限公司
CHINA RAILWAY PUBLISHING HOUSE CO., LTD.

内 容 简 介

本书是《CATIA 软件应用与实战演练》的初级篇，是计算机辅助工程制图课程配套的 CATIA 建模教材，按照教学目标精选建模任务，按照课程进度组织教材内容，使读者不仅学会 CATIA 建模，而且能够更好地理解机械制图的知识点，提高空间想象能力。本书主要内容有草图设计、平面图形、基本体、切割体、相贯体、组合体的零件设计，视图、剖视图、零件图、装配图的绘制及简单曲面设计等。

本书是 CATIA 初学者入门级的案例应用教材，步骤讲解详细到鼠标的每一个动作，易学易用，满足机械制图课程三维建模的需要。同时，本书将软件语言与机械制图国家标准对接，是用机械制图语言编写的 CATIA 建模教材。

本书既适合于高等职业院校的学生使用，也可供工程技术人员参考。本书配备全部建模及拓展练习的实操微课视频，读者可以通过扫描二维码观看。

图书在版编目（CIP）数据

CATIA 软件应用与实战演练．初级篇/张新红主编．—北京：中国铁道出版社有限公司，2022.2（2023.1 重印）
高等职业教育 CATIA 软件应用规划教材
ISBN 978-7-113-28477-0

Ⅰ．①C… Ⅱ．①张… Ⅲ．①机械设计-计算机辅助设计-应用软件-高等职业教育-教材 Ⅳ．①TH122

中国版本图书馆 CIP 数据核字（2021）第 217778 号

书　名：CATIA 软件应用与实战演练（初级篇）
作　者：张新红

策　　划：尹　鹏		编辑部电话：(010)63560043	
责任编辑：钱　鹏			
封面设计：刘　颖			
责任校对：苗　丹			
责任印制：樊启鹏			

出版发行：中国铁道出版社有限公司（100054，北京市西城区右安门西街 8 号）
网　　址：http://www.tdpress.com/51eds/
印　　刷：北京联兴盛业印刷股份有限公司
版　　次：2022 年 2 月第 1 版　2023 年 1 月第 2 次印刷
开　　本：787 mm×1 092 mm　1/16　印张：10.75　字数：268 千
书　　号：ISBN 978-7-113-28477-0
定　　价：36.00 元

版权所有　侵权必究

凡购买铁道版图书，如有印制质量问题，请与本社教材图书营销部联系调换。电话：(010)63550836
打击盗版举报电话：(010)63549461

前言

本书是《CATIA 软件应用与实战演练》的初级篇,对应课程是计算机辅助工程制图课,主要讲解与课程配套的草图设计、零件设计、工程图、装配设计、曲面设计等内容,是 CATIA 入门级模块化项目式教材,通过任务驱动,帮助读者迅速掌握 CATIA 软件建模设计;《CATIA 软件应用与实战演练》的进阶篇,对应的课程是软件强化训练和三维软件拓展课,主要讲解复杂零件的建模设计、装配设计、曲面设计及零件工程图、装配工程图等内容,是 CATIA 进阶级模块化项目式教材,通过任务驱动,帮助读者提高识读零件图和装配图的能力及曲面建模能力;《CATIA 软件应用与实战演练》的高级篇,对应的课程是正逆向设计与快速成型课,主要讲解曲面设计、三维扫描及点云处理、逆向设计、3D 打印等内容,是 CATIA 高级的模块化项目式教材,通过任务驱动,帮助读者提高软件设计及应用能力。本系列教材所有建模任务都是作者在多年的职业教育教学实践中经过长期摸索积累的教学案例,是作者厚积薄发的成果。

本书从机械制图的角度,教会读者用 CATIA 软件完成机械制图课程的平面图形、圆弧连接、基本体、切割体、相贯体、组合体、轴、螺旋弹簧、环形弹簧、五角星、螺栓连接装配、千斤顶装配、齿轮泵装配等建模设计,零件的六个基本视图、局部视图、斜视图、全剖视图、半剖视图、局部剖视图、移出断面图、局部放大图、零件图等工程图设计,不仅可以提高读者的 CATIA 建模设计能力,而且能满足读者学习机械制图课程的需要,提高空间想象能力和识图能力。本书主要特色有:

1. 步骤详细,易于操作。本书的操作步骤讲解详细到鼠标的每一个动作,读者按照讲解步骤能够迅速学会书中所有建模任务。

2. 循序渐进,易于学习。本书从最基础的草图设计、最简单的基本体建模开始讲解,由浅入深,循序渐进。

3. 图文并茂,视频讲解。本书采用软件中真实的对话框、按钮和图标等进行讲解,使读者能够直观、准确地操作软件进行学习;书中所有任务及拓展练习均配有实操微课,同时讲解操作技巧及注意事项,读者可以扫描二维码观看学习。

4. 任务驱动,用以致学。教学任务以学习者为中心,实现做中学、学中做、边做边学、边学边做,符合职业院校学生学习规律。

5. 真实项目,典型任务。本书选取企业真实项目和典型任务进行零件建模、装配建模、工程图设计、曲面建模等,实用性强。

6. 制图语言，贯彻国标。 将软件语言与机械制图国家标准对接，是用机械制图语言编写的 CATIA 建模教材。

本书采用模块"学习指南"，项目"学习目标""项目分析"，任务"学习重点""实战演练""小技巧""注意""拓展练习"等编写体例，既适合于高等职业院校的学生使用，也可供工程技术人员参考。

本书由长春汽车工业高等专科学校张新红任主编，战淑红任副主编。其中，模块一由战淑红编写，模块二至模块五模块由张新红编写。本书编写过程中得到了长春汽车工业高等专科学校教务处及机械工程学院各位老师的热心帮助，在此表示衷心感谢！

本书写作时间仓促，书中纰漏和不足之处在所难免，恳请专家和读者予以指正。

编　者
2021 年 6 月

目 录

模块一 草图设计 ... 1

项目一 绘制基本草图 ... 2
- 任务一 绘制圆形板草图 ... 2
- 任务二 绘制矩形板草图 ... 8
- 任务三 绘制垫板草图 ... 14

项目二 绘制圆弧连接草图 ... 18
- 任务一 绘制支承板草图 ... 18
- 任务二 绘制圆柱形延长孔零件草图 ... 23

模块二 零件设计 ... 30

项目一 基本体建模 ... 31
- 任务一 四棱柱建模 ... 31
- 任务二 六棱柱建模 ... 32
- 任务三 五棱柱建模 ... 33
- 任务四 圆锥建模 ... 34
- 任务五 球体建模 ... 36
- 任务六 圆环建模 ... 38

项目二 切割体建模 ... 39
- 任务一 四棱台切割建模 ... 39
- 任务二 四棱台对角切割建模 ... 41
- 任务三 空心圆柱切割建模 ... 46
- 任务四 圆柱凸块建模 ... 47
- 任务五 组合回转体切割建模 ... 48

项目三 相贯体建模 ... 51
- 任务一 不等径圆柱相贯建模 ... 51
- 任务二 圆柱与空心孔不等径相贯建模 ... 53
- 任务三 圆柱实体等径、内孔不等径相贯建模 ... 53
- 任务四 长方体内孔不等径相贯建模 ... 55
- 任务五 圆柱内孔等径相贯建模 ... 57
- 任务六 圆柱凸台相贯建模 ... 58

项目四 组合体建模 ... 60
- 任务一 不平齐组合体建模 ... 61

  任务二 相切组合体建模 ·· 62
  任务三 切割类组合体建模 ·· 65
  任务四 综合类组合体建模 ·· 67

模块三 绘制工程图 74

项目一 绘制视图 ·· 75
  任务一 绘制六个基本视图 ·· 75
  任务二 绘制局部视图和斜视图 ······································ 81
项目二 绘制剖视图 ··· 87
  任务一 绘制全剖视图和半剖视图 ·································· 87
  任务二 绘制局部剖视图 ·· 95
项目三 绘制零件图 ··· 99
  任务 绘制轴类零件图 ·· 100

模块四 装配设计 118

项目一 螺栓连接装配 ·· 119
  任务 零件建模与装配建模 ··· 119
项目二 千斤顶装配 ·· 125
  任务 千斤顶装配设计 ··· 126
项目三 齿轮泵装配 ·· 134
  任务 齿轮泵装配设计 ··· 135

模块五 曲面设计 154

项目一 锥体设计 ·· 155
  任务一 三棱锥设计 ··· 155
  任务二 五角星设计 ··· 158
项目二 弹簧设计 ·· 161
  任务一 螺旋弹簧设计 ·· 162
  任务二 环形弹簧设计 ·· 163

参考文献 166

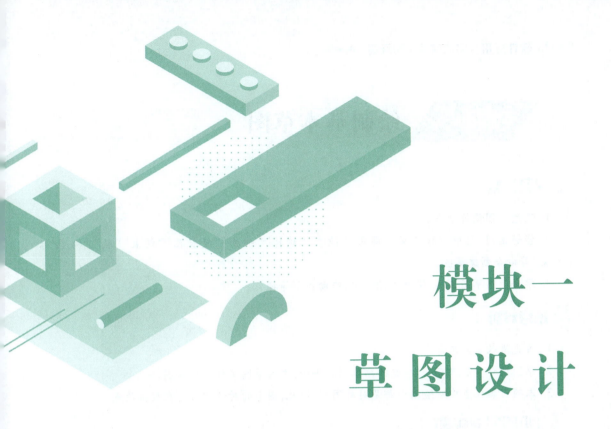

模块一
草图设计

草图设计是 CATIA 建模设计的基础,也是初学者学习 CATIA 软件的入门基础。草图设计模块包含两个项目,按照草图的难易程度分为:基本草图、圆弧连接草图。模块内容从最基础的草图命令开始,操作步骤的讲解详细到鼠标的每一次点击,初学者按照步骤操作就可以画出草图。

模块根据操作命令的递进关系选择不同项目和任务,使读者能够循序渐进掌握草图设计的命令及技巧。任务讲解后配有相应的拓展练习,与任务所讲的步骤和命令基本相同,用来考查和巩固任务所讲内容。

学习指南

1. 草图设计中基准的选择非常重要,它关系到建模的简单与复杂程度,正确选择基准可以省略标注定位尺寸和几何约束。

2. 草图设计要重视坐标原点,应使草图的基准与坐标原点重合。

3. 书中线性尺寸单位是毫米(mm),这里一律省略单位注写。

项目一　绘制基本草图

学习目标

1. 熟悉草图设计命令。
2. 能够使用"居中矩形""圆""圆角""镜像""旋转""缩放""延长孔""约束""轴""构造/标准元素"等命令创建草图。
3. 学会使用草图工具、弹出右键菜单、拖动图形等操作。

项目分析

1. 首先进入零件工作台。
2. 草图设计步骤只有一步：选择画草图的平面，进入草图工作台画草图。
3. 本项目各任务中所绘图形都是对称图形，因此，图形的对称中心选在坐标原点。

【小技巧】鼠标操作

1. 选择：按一下鼠标左键。
2. 平移：按住鼠标中键或滚轮，拖动鼠标，可以实现平移。
3. 缩放/放大：按住鼠标中键+按一下鼠标左键或右键，拖动鼠标，可以实现缩放或放大。
4. 旋转：按住鼠标中键或滚轮+按住鼠标左键或右键，拖动鼠标，可以实现旋转。

◎ 任务一　绘制圆形板草图

绘制圆形板草图

学习重点 >>>

鼠标的操作；进入草图工作台；使用"草图工具"、"圆"命令、"轴"命令、"构造元素"命令、"尺寸约束"命令、"旋转"命令等。

实战演练 >>>

【步骤1】进入零件工作台

1. 关闭初始界面。打开 CATIA 界面，关闭"Product 1"初始工作界面，如图 1-1-1 所示。

图 1-1-1　关闭 Product 初始界面

2. 进入零件工作台。在菜单栏单击"开始"→"机械设计"→"零件设计"命令,如图1-1-2所示,弹出"新建零件"对话框,默认"输入零件名称"为"Part1",不勾选选项,单击"确定"按钮,如图1-1-3所示。

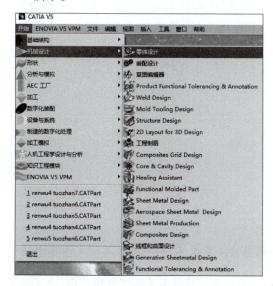

图 1-1-2　进入零件工作台

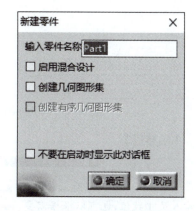

图 1-1-3　"新建零件"对话框

【注意】

草图设计进入工作台的步骤完全相同,本项目中后续任务省略此步骤。

【步骤2】绘制草图

1. 进入草图工作台。选择特征树或坐标平面的 xy 平面,如图1-1-4所示,单击"草图"按钮,进入草图工作台。

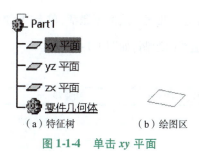

（a）特征树　　　　（b）绘图区

图 1-1-4　单击 xy 平面

【小技巧】

选择 xy 平面时,无论选择特征树的 xy 平面还是绘图区的 xy 坐标平面,两者都显示激活亮显状态,如图1-1-4所示。

2. 画同心圆。单击"轮廓工具"的"圆"按钮,选择坐标原点,在"草图工具"栏的文本框"R"中输入尺寸40,如图1-1-5所示,按【Enter】键,完成圆形绘制,如图1-1-6所示;同样方法,画出 $R20$ 圆,如图1-1-7所示,完成两个同心圆绘制。

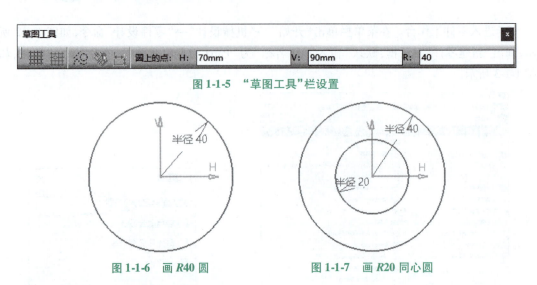

图 1-1-5 "草图工具"栏设置

图 1-1-6 画 R40 圆   图 1-1-7 画 R20 同心圆

> 【小技巧】
>
> 1. "草图工具" ![草图工具] 是画草图的必备工具,在草图工具的文本框中可以直接输入尺寸数值;也可以根据需要,选择不同的命令按钮。草图工具不仅方便作图,还可以大大提高作图速度,因为不需要标注和修改尺寸。
>
> 2. 初学者如果不小心将"草图工具"关闭,可以采取以下两种办法调用"草图工具":(1) 单击"视图"→"工具栏"→"草图工具"命令;(2) 在绘图区周边的工具栏位置,右击,弹出快捷菜单,勾选"草图工具"选项。

3. 画构造线圆。单击"轮廓工具"的"圆"按钮 ⊙,选择坐标原点,单击"草图工具"的"构造/标准元素"按钮 ,使按钮显现"构造元素"按钮 ,在"草图工具"文本框"R"中输入尺寸 31,按【Enter】键,如图 1-1-8 所示,单击空白处使构造圆不激活,单击"标准/构造元素"按钮 ,使按钮显现"标准元素"按钮 ,完成构造线圆绘制,如图 1-1-9 所示。

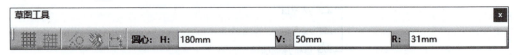

图 1-1-8 "草图工具"文本框"R"

图 1-1-9 画构造线圆

【小技巧】

使用"标准/构造元素"按钮以后,一定记得将按钮还原成标准元素状态,否则,下次画出的图形将是虚线的构造元素。

4. 画小圆。单击"圆"按钮,移动鼠标将圆心定位在构造线(虚线)圆上单击,如图1-1-10所示,在"草图工具"文本框"R"中输入尺寸5,按【Enter】键,完成一个小圆绘制,如图1-1-11所示。

图1-1-10 圆心在构造线圆上

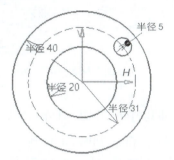
图1-1-11 画一个小圆

【注意】

图1-1-11中小圆R5为激活状态,CATIA软件默认的没有全约束的不激活状态为白色图线。由于图面背景为白色无法显示图线,所以为了看清楚图线,本书采取激活表示。

5. 约束小圆位置。单击"轮廓工具"的"轴"按钮,先选择小圆圆心,再选择坐标原点,即连接轴线,如图1-1-12所示;单击"约束工具"的"约束"按钮,依次选择轴H轴,标注角度尺寸,如图1-1-13所示;双击角度数值,弹出"约束定义"对话框,将文本框"值"改为45,如图1-1-14所示,单击"确定"按钮完成约束。

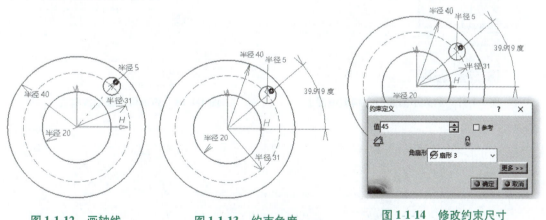

图1-1-12 画轴线　　图1-1-13 约束角度　　图1-1-14 修改约束尺寸

6. 画均匀分布小圆。选择小圆,使其亮显,处于激活状态。单击"镜像"中的"旋转"按钮,选择坐标原点,弹出"旋转定义"对话框,在文本框"实例"中输入3,角度"值"输入90,如图1-1-16所示,单击"确定"按钮,完成四个小圆绘制,如图1-1-16所示。

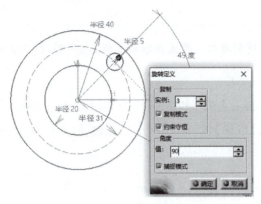
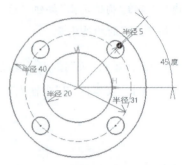

图 1-1-15　旋转小圆　　　　　　　　　图 1-1-16　旋转出另外三个小圆

7. 约束均匀分布小圆。①单击"约束"按钮，选择小圆圆心和构造线圆，右击，弹出快捷菜单，单击"相合"命令，如图 1-1-17 所示；②单击"轴"按钮，选择小圆圆心和原点，连接轴线，单击"约束"按钮，分别选中两个小圆轴线右击，弹出快捷菜单，单击"垂直"命令，完成第二个小圆的约束，如图 1-1-18 所示；③依此方法，完成另两个小圆的约束；④按照国家标准规定，双击圆的半径尺寸，弹出"约束定义"对话框，单击"尺寸"下拉列表中"直径"命令，如图 1-1-19 所示，完成草图，如图 1-1-20 所示。

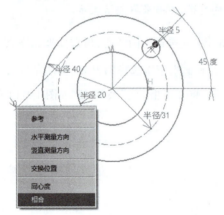
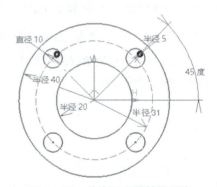

图 1-1-17　约束小圆圆心在构造线圆上　　　图 1-1-18　约束两小圆轴线垂直

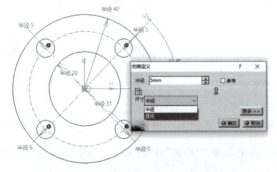
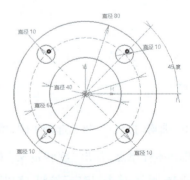

图 1-1-19　整理图形，改选"直径"尺寸　　　图 1-1-20　任务一草图

【注意】
1. 国家标准规定>180°~360°的圆弧，标注直径尺寸；≤180°的圆弧标注半径尺寸。
2. CATIA 草图无法注写国家标准规定的 4×φ10 尺寸样式，所以，4 个小圆都注写了直径尺寸。
3. 草图画完，要整理出符合国家标准的图形。

8. 保存文件：单击"文件"菜单的"另存为"命令，如图 1-1-21 所示，找到文件存储路径，文件命名为 renwu1。

图 1-1-21　保存文件

【注意】
CATIA 不识别中文的文件名，文件名以字母、数字等命名，但文件名不能含有＜、＞、*、:、、?、"、、/、\等符号。

拓展练习

1. 请应用 CATIA 软件，按照尺寸完成基本草图绘制，如图 1-1-22 所示。说明：图中 6 个 φ16 的小圆及 6 条开口的连线，均可以用"旋转"命令画图；EQS 的含义是均匀分布。

2. 请应用 CATIA 软件，按照尺寸完成基本草图绘制，如图 1-1-23 所示。说明：图中 3 个 φ8 的小圆及 3 个宽为 4 的槽线，均可以用"旋转"命令画图。

3. 请应用 CATIA 软件，按照尺寸完成基本草图绘制，如图 1-1-24 所示。说明：图中 6 个宽为 20 的 U 形槽，均可以用"旋转"命令画图。

4. 请应用 CATIA 软件，按照尺寸完成基本草图绘制，如图 1-1-25 所示。说明：图中 4 个同心圆,均可以用"旋转"命令画图。

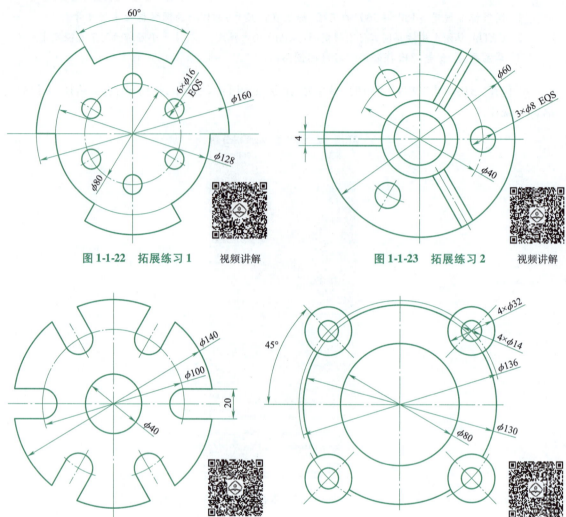

图1-1-22　拓展练习1　　视频讲解

图1-1-23　拓展练习2　　视频讲解

图1-1-24　拓展练习3　　视频讲解

图1-1-25　拓展练习4　　视频讲解

◎ 任务二　绘制矩形板草图

学习重点 >>>

"居中矩形"命令、"圆角"命令、"缩放"命令、"镜像"命令、"相合约束"命令。

实战演练 >>>

【步骤1】绘制草图

1. 进入草图工作台。选择 xy 平面,单击"草图"按钮,进入草图工作台。

2. 画矩形。单击"矩形"下拉工具条的"居中矩形"按钮,单击坐标原点,如图1-1-26所示,在"草图工具"文本框"高度"中输入68,按【Enter】键,文本框"宽度"中输入100,按【Enter】键,如图1-1-27所示,完成矩形绘制,如图1-1-28所示。

绘制矩形板草图

图 1-1-26　选择坐标原点

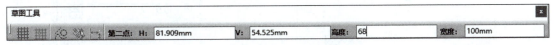

图 1-1-27　"高度"和"宽度"设置

3. 画圆角。选择矩形的一个顶点，同时按住【Ctrl】键，再选择其余 3 个顶点，使 4 个顶点都激活；单击"圆角"按钮，在"草图工具"文本框"半径"中输入 12，按【Enter】键，如图 1-1-29 所示，完成圆角的创建，如图 1-1-30 所示。

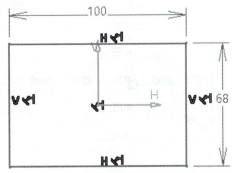

图 1-1-28　居中矩形并激活 4 个顶点

图 1-1-29　"半径"设置

4. 画小圆角矩形。在矩形外空白处左击，拖动鼠标，框选图形，如图 1-1-31 所示；松开鼠标，如图 1-1-32 所示，单击"镜像"下拉工具条的"缩放"按钮，选择坐标原点，弹出"缩放定义"对话框，在文本框缩放"值"输入 0.5，单击"确定"按钮，如图 1-1-33 所示，得到缩放的圆角矩形，如图 1-1-34 所示。

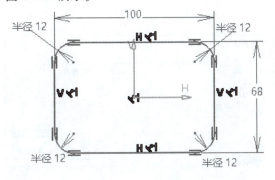

图 1-1-30　创建圆角

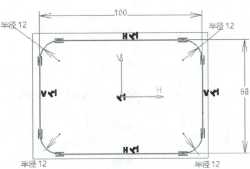

图 1-1-31　框选圆角矩形

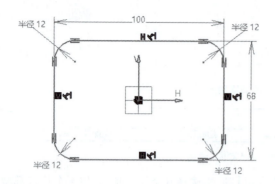

图 1-1-32　选中圆角矩形

图 1-1-33　"缩放定义"对话框

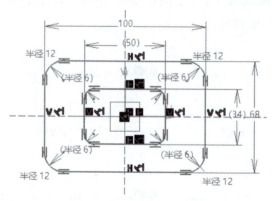

图 1-1-34　缩放出小圆角矩形

> 【小技巧】
>
> 　　勾选"缩放定义"对话框的"复制模式"和"约束守恒"复选框,缩放后的图形直接标注了尺寸。

5. 约束小矩形。双击参考尺寸"(半径6)",弹出"约束定义"对话框,如图 1-1-35 所示,单击"参考"复选框,去掉参考尺寸的括号,将参考尺寸变为约束尺寸,如图 1-1-36 所示;依次将其余三个"(半径6)"和"(34)""(50)"变为约束尺寸,如图 1-1-37 所示。

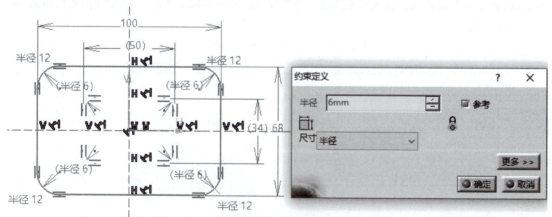

图 1-1-35　"约束定义"对话框的尺寸为参考尺寸

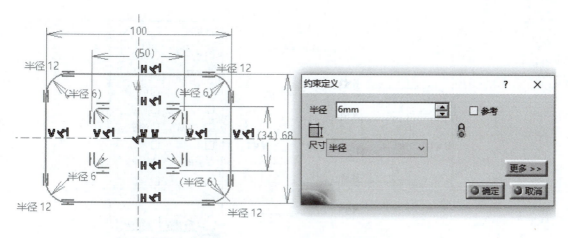

图 1-1-36 "约束定义"对话框的尺寸为约束尺寸

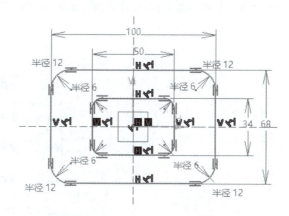

图 1-1-37 将小矩形的参考尺寸变为约束尺寸

6. 约束小矩形。选择小矩形上边线,按住【Ctrl】键,再选择小矩形下边线,然后再选择 H 轴,单击对话框中的"约束"按钮,弹出"约束定义"对话框,勾选"对称"复选框,如图 1-1-38 所示;同理,选择小矩形左边线,按住【Ctrl】键,再选择小矩形右边线,然后选择 V 轴,单击对话框中的"约束"按钮,弹出"约束定义"对话框,勾选"对称"复选框,此时,小矩形变为绿色,如图 1-1-39 所示。

【注意】

草图约束如果是深色的,表示草图已经全约束,图中所有线条都不能移动,如图 1-1-39 所示;如果图中有白色线条,表示草图不完全约束,图中白色线条可移动,需要添加尺寸约束或几何约束,如图 1-1-38 所示;如果图中有浅色线条,表示草图过约束,需要删除过多的尺寸约束或几何约束,如图 1-1-40 所示,过约束的草图无法建模。

7. 画小圆。单击"圆"按钮,选择圆角 R12 的圆心点,如图 1-1-41 所示,在"草图工具"的文本框"R"中输入 5,按【Enter】键,完成小圆绘制,如图 1-1-42 所示。

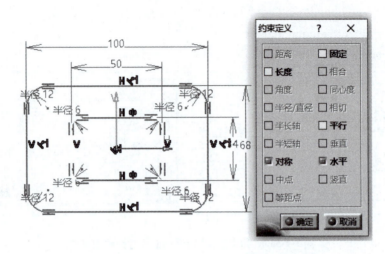

图 1-1-38 约束小矩形上下边以 H 轴为中心线对称

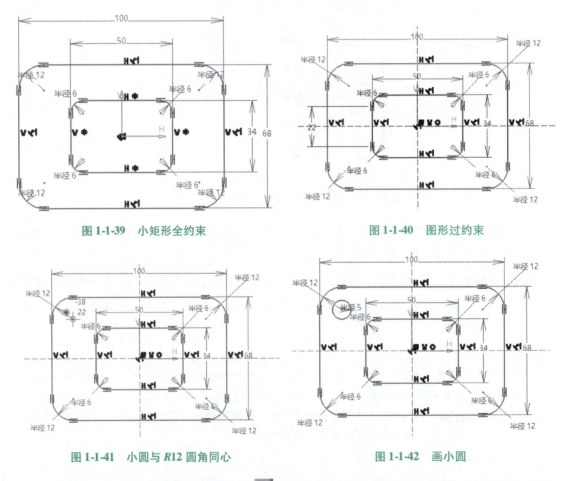

图 1-1-39 小矩形全约束　　　　　　　　图 1-1-40 图形过约束

图 1-1-41 小圆与 R12 圆角同心　　　　　图 1-1-42 画小圆

8. 画另三个小圆。①单击"镜像"按钮 ，（此时小圆亮显，如图 1-1-42 所示，激活状态），选择 H 轴，得到另一个小圆，如图 1-1-43 所示；②选择一个小圆，按住【Ctrl】键，再选择另一个小圆，使两个小圆都亮显，激活，如图 1-1-44 所示，单击"镜像"按钮 ，选择 V 轴，得到另外两个小圆，完成草图,如图 1-1-46 所示。

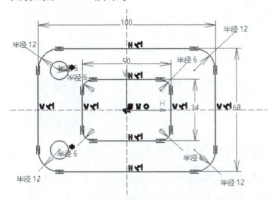

图 1-1-43　以 H 轴镜像,画出另一个小圆

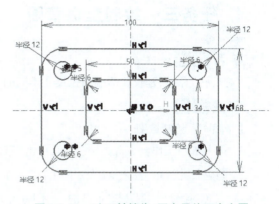

图 1-1-44　以 V 轴镜像,画出另外两个小圆

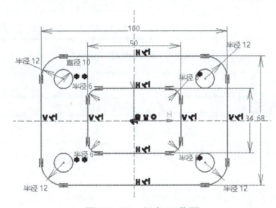

图 1-1-45　任务二草图

9. 整理图形,保存文件。

拓展练习

请应用 CATIA 软件按照尺寸完成草图绘制,如图 1-1-46 所示。说明:图中 4 个 $\phi 10$ 小圆可以用"镜像"命令绘制。

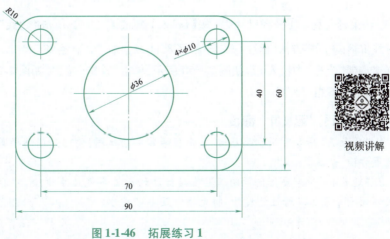

图 1-1-46　拓展练习 1

视频讲解

◎ 任务三　绘制垫板草图

学习 重点 >>>

"延长孔"命令、延长孔两端圆弧尺寸不同的画法、"快速修剪"命令。

实战 演练 >>>

绘制垫板草图

【步骤1】绘制草图

1. 进入草图工作台。选择 xy 平面，单击"草图"按钮，进入草图工作台。

2. 画延长孔。单击"矩形"下拉工具条的"延长孔"按钮，选择坐标原点，在"草图工具"文本框"长度"中输入42，按【Enter】键，文本框"角度"输入0，按【Enter】键，如图1-1-47所示，"草图工具"文本框"半径"中输入28，按【Enter】键，如图1-1-48所示，画出延长孔，如图1-1-49所示。

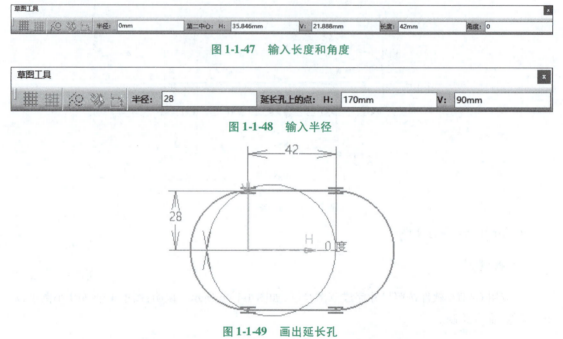

图1-1-47　输入长度和角度

图1-1-48　输入半径

图1-1-49　画出延长孔

3. 约束延长孔。①选择尺寸28，按【Delete】键，删除28；②单击"约束"按钮，选中左侧圆弧，标注 R28；③同样方法，标注右侧圆弧，R28；④双击右侧"半径28"尺寸，弹出"约束定义"对话框，在文本框"半径"中输入12，如图1-1-50所示，单击"确定"按钮，如图1-1-51所示，完成延长孔两侧圆弧半径不相等画图。

【小技巧】"延长孔"命令

1. "延长孔"命令常用于画凸台、U形板等零件的草图，要比分别画半圆弧再画直线、镜像等步骤更方便、快捷。

2. "延长孔"命令要先把草图工具直接标注的圆弧半径尺寸删除，才能修改两侧圆弧半径；如果不删除草图工具标注的尺寸，将无法修改半径尺寸。

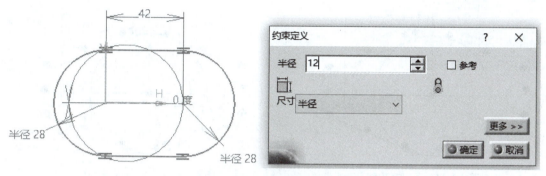

图 1-1-50　修改左侧圆弧半径

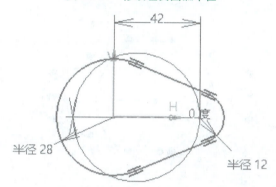

图 1-1-51　完成延长孔两侧圆弧半径不相等画图

4. 画小圆。选择半径12的圆弧圆心，单击"圆"按钮 ⊙，在"草图工具"文本框"半径"中输入6，按【Enter】键，如图1-1-52所示，完成小圆。

5. 画对称图。①选中图中一段线，按住【Ctrl】键，依次选中图中所有线，如图1-1-53所示，单击"镜像"按钮，再选择V轴，画出对称图，如图1-1-54所示；②单击"修剪" 下拉工具条的"快速修剪"按钮，依次删除图中两条半径为28的圆弧线，如图1-1-55所示，完成对称图，如图1-1-56所示。

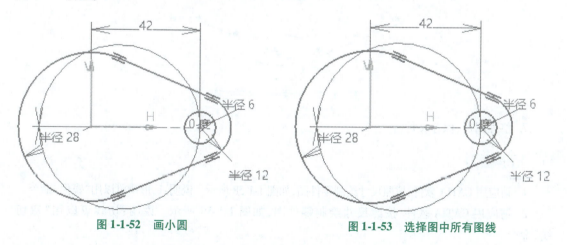

图 1-1-52　画小圆　　　　　　　　　图 1-1-53　选择图中所有图线

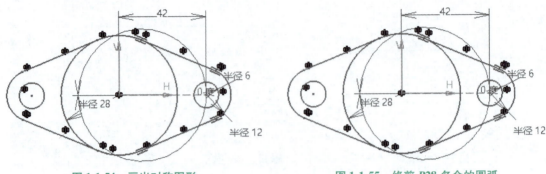

图 1-1-54　画出对称图形　　　　图 1-1-55　修剪 *R*28 多余的圆弧

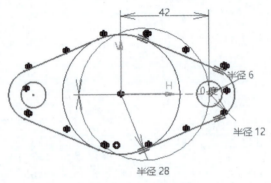

图 1-1-56　完成对称图

6. 画中间圆。单击"圆"按钮,选择坐标原点,在"草图工具"文本框"半径"中输入 18,按【Enter】键,完成草图,如图 1-1-57 所示。

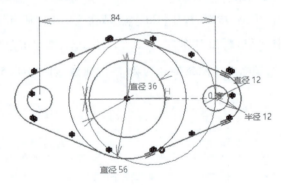

图 1-1-57　模块一任务三草图

7. 整理图形,保存文件。

拓展练习

1. 请应用 CATIA 软件,按照尺寸绘制零件图,如图 1-1-58 所示。说明:U 形槽可以用"镜像"命令。
2. 请应用 CATIA 软件,按照尺寸绘制零件图,如图 1-1-59 所示。说明:切线可以用"双切线"命令。
3. 请应用 CATIA 软件,按照尺寸绘制零件图,如图 1-1-60 所示。说明:切线可以用"双切线"命令。

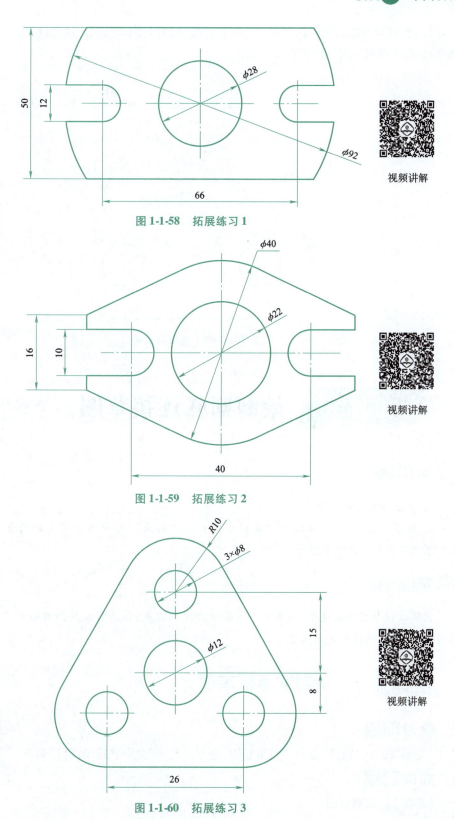

图 1-1-58 拓展练习 1

图 1-1-59 拓展练习 2

图 1-1-60 拓展练习 3

4. 请应用CATIA软件,按照尺寸绘制零件图,如图1-1-61所示。说明:切线可以用"双切线"命令绘制,小圆可以用"旋转"命令绘制。

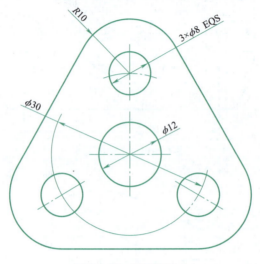

图 1-1-61　拓展练习4

项目二　绘制圆弧连接草图

学习目标

1. 熟悉草图设计命令。
2. 能够使用"轮廓""双切线""圆柱形延长孔""约束""对话框中定义的约束""编辑多重约束""修剪"等命令创建草图。

项目分析

圆弧连接草图比较复杂,由多个不同形状的线段组成,画图时应使图形的尺寸基准与坐标原点重合,并分析线段的定位尺寸。

◎ 任务一　绘制支承板草图

学习重点 >>>
"矩形"命令、"圆弧"命令、"约束相切"命令、"轮廓"命令、"拖动线段"命令。

绘制支承板草图

实战演练 >>>

【步骤1】绘制草图

1. 进入草图工作台。选择 xy 平面,单击"草图"按钮 ,进入草图工作台。

2. 画矩形。单击"矩形"按钮▭,选择坐标原点,在"草图工具"文本框"宽度"中输入60,按【Enter】键;文本框"高度"中输入10,按【Enter】键,如图1-2-1所示,完成矩形,如图1-2-2所示。

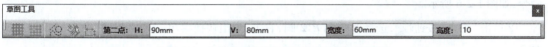

图 1-2-1　"草图工具"文本框"宽度"和"高度"

3. 画同心圆。

①单击"圆"按钮⊙,选中坐标原点,在"草图工具"文本框"R"中输入12,按【Enter】键;文本框"H"中输入10,按【Enter】键;文本框"V"输入35,按【Enter】键,画出 $R12$ 圆。

②单击"圆"按钮⊙,选中 $R12$ 圆心,在"草图工具"文本框"R"中输入6,按【Enter】键,画出 $R6$ 圆,完成两个同心圆,如图1-2-3所示。

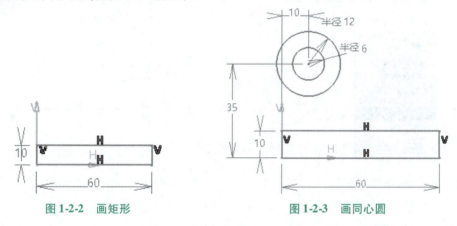

图 1-2-2　画矩形　　　　　　图 1-2-3　画同心圆

4. 画 $R20$ 圆弧。单击"圆"⊙下拉工具条的"弧"按钮⌒,选择矩形左侧任意空白位置,在"草图工具"条的文本框"R"中输入20,按【Enter】键,如图1-2-4所示,绘图区任意位置单击,拖动鼠标,画出圆弧,如图1-2-5所示。

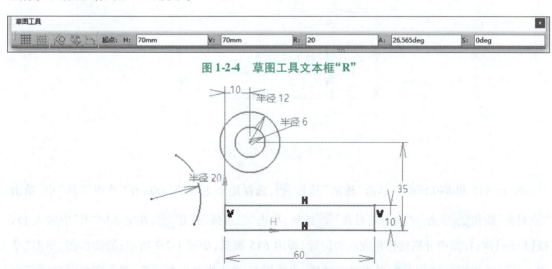

图 1-2-4　草图工具文本框"R"

图 1-2-5　画 $R20$ 圆弧

5. 约束 R20 圆弧位置。

①单击"约束"按钮 ,选择圆弧下端点和矩形左上顶点,右击,弹出快捷菜单,单击"相合"命令,如图 1-2-6 所示。

②单击"约束"按钮 ,选择圆弧和 R12 圆,右击,弹出快捷菜单,单击"相切"命令,如图 1-2-7 所示。

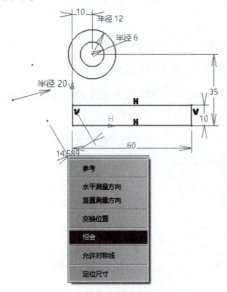

图 1-2-6　约束 R20 圆弧端点与矩形左上顶点相合

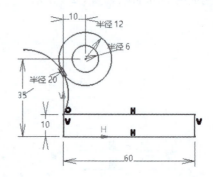

图 1-2-7　约束 R20 圆弧与 R12 圆相切

③单击"修剪" 下拉工具条的"快速修剪"按钮 ,删除 R20 多余弧线,如图 1-2-8 所示。

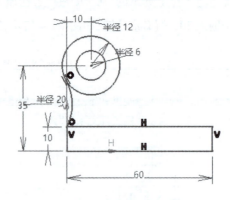

图 1-2-8　修剪多余的图线

6. 画 R15 和 R40 圆弧。单击"轮廓"按钮 ,选择矩形上边的一点,在"草图工具"中,单击"点对齐"按钮 单击→"关闭点对齐"按钮 ;单击"三点弧"按钮 ,在文本框"R"中输入 15,按【Enter】键;在图中分别选择相应点的位置,画出 R15 圆弧,如图 1-2-9 所示;继续作图,单击"草图工具"的"相切弧"按钮 ,单击 R12 圆弧,出现切点,单击则画出相切弧,双击则关闭"轮廓"命令,如图 1-2-10 所示。

> 💡 【小技巧】CATIA删除图形
>
> 可以有以下几种方法:
> 1. 选择要删除的图形,按【Delete】键删除。
> 2. "修剪"按钮。
> 3. "快速修剪"按钮。
> 4. 选择要删除的图形,右击,弹出快捷菜单,单击"删除"命令。

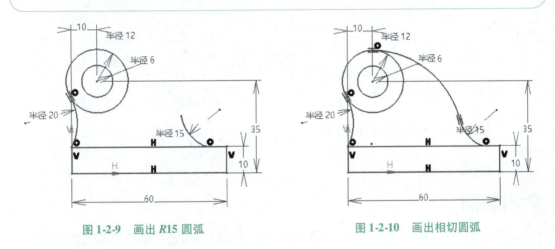

图 1-2-9　画出 $R15$ 圆弧　　　　　　　　图 1-2-10　画出相切圆弧

> 💡 【小技巧】"轮廓"命令
>
> "轮廓"命令可以一次连续画出直线、相切弧、三点弧,完成图形后可以双击结束"轮廓"命令,也可以单击工具栏的"轮廓"按钮结束轮廓命令。使用"轮廓"命令画图过程中,会自动捕捉约束,如果不需要捕捉约束,可以按住【Shift】键,避免捕捉。

7. 约束 $R40$ 位置。单击"约束"按钮 ,标注相切圆弧尺寸(此时,尺寸不一定是 $R40$),双击该尺寸,弹出"约束定义"对话框,在文本框"半径"中输入 40,单击"确定"按钮,完成约束,如图 1-2-11 所示。

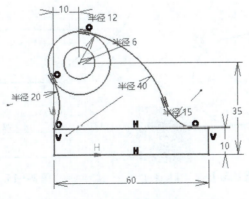

图 1-2-11　约束圆弧 $R40$

8. 约束 R15 和 R40 位置。①选择 R40 圆心，拖动鼠标，到 V 轴右侧位置，松开（如果 R40 圆心在 V 轴左侧）；②约束 R40 圆心与 V 轴距离为6，如图 1-2-12 所示，单击"确定"按钮；③约束 R15 与矩形上边相切，完成草图，如图 1-2-13 所示。

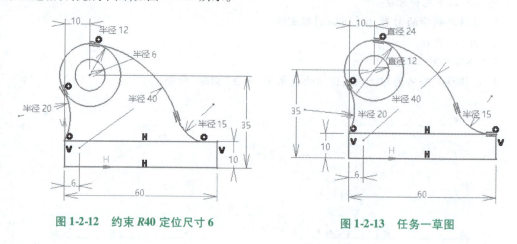

图 1-2-12　约束 R40 定位尺寸 6　　　　图 1-2-13　任务一草图

9. 整理图形，保存文件。

拓展练习

1. 请应用 CATIA 软件，按照尺寸绘制零件图，如图 1-2-14 所示。说明：约束 R35、R22 相切。
2. 请应用 CATIA 软件，按照尺寸绘制零件图，如图 1-2-15 所示。说明：约束 R35、R77、R14 相切。
3. 请应用 CATIA 软件，按照尺寸绘制零件图，如图 1-2-16 所示。说明：约束 R25、R94 相切。
4. 请应用 CATIA 软件，按照尺寸绘制零件图，如图 1-2-17 所示。说明：图形绘制主要用到"双切线""圆弧相切"命令。

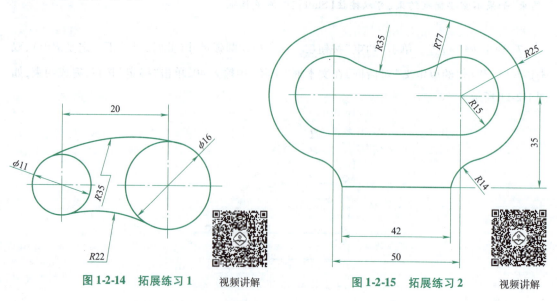

图 1-2-14　拓展练习 1　　视频讲解　　　　图 1-2-15　拓展练习 2　　视频讲解

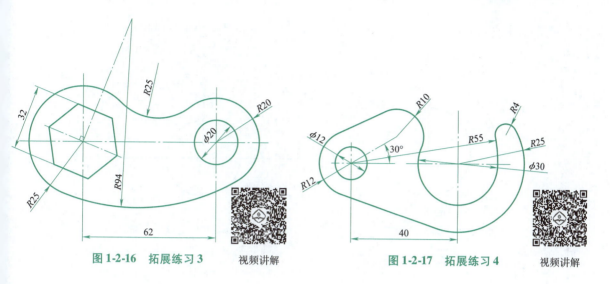

图 1-2-16　拓展练习 3　　视频讲解　　　　图 1-2-17　拓展练习 4　　视频讲解

◎ 任务二　绘制圆柱形延长孔零件草图

学习重点 >>>

"双切线"命令、"修剪"命令、"圆柱形延长孔"命令、"对话框中定义的约束"命令、"编辑多重约束"命令。

实战演练 >>>

绘制草图

绘制图柱形延长孔零件草图

1. 进入草图工作台。选择 xy 平面，单击"草图"按钮，进入草图工作台。

2. 画 $\phi 21$ 圆。单击"圆"按钮，选择坐标原点，在"草图工具"文本框"R"中输入 10.5，按【Enter】键，完成圆形绘制。

3. 画 $R17$ 圆弧。单击"圆"下拉工具条的"弧"按钮，选择坐标原点，在"草图工具"文本框"R"中输入 17，按【Enter】键，选择弧起点，拖动鼠标到弧的终点，松开鼠标，如图 1-2-18 所示，完成 $R17$ 圆弧。

4. 画 $2 \times \phi 6$。①单击"圆"按钮，在"草图工具"的文本框"H"输入 0，按【Enter】键；文本框"V"中输入 31，按【Enter】键；文本框"R"中输入 3，按【Enter】键，画出一个圆；②单击"圆"按钮，在"草图工具"的文本框"H"中输入 26，按【Enter】键；文本框"V"中输入 14，按【Enter】键；文本框"R"中输入 3，按【Enter】键，画出另一个圆，如图 1-2-19 所示。

5. 画 $R8$ 圆弧。单击"圆"下拉工具条的"弧"按钮，选择 $\phi 6$ 的圆心，在"草图工具"文本框"R"中输入 8，按【Enter】键，选择一个点为圆弧起点，拖动鼠标，到圆弧终点，完成圆弧绘制，如图 1-2-20 所示。

6. 画 $R17$ 与 $R8$ 的外切线。单击"直线"下拉工具条的"双切线"按钮，分别选择 $R17$、$R8$ 切点附近，画出切线，如图 1-2-21 所示。

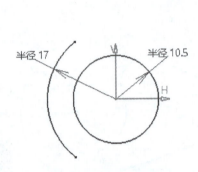

图 1-2-18　画 R17 圆弧

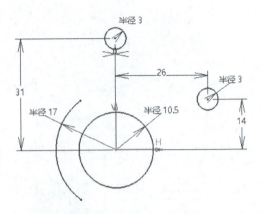

图 1-2-19　画两个小圆

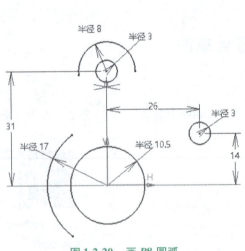

图 1-2-20　画 R8 圆弧

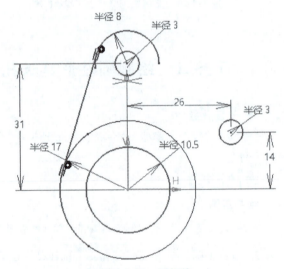

图 1-2-21　画切线

7. 删除多余切线。单击"修剪"按钮 ，选择 R8 要保留的圆弧，单击要保留的直线，即可删除多余的弧线；同理，删除 R17 与切线的多余弧线，如图 1-2-22 所示。

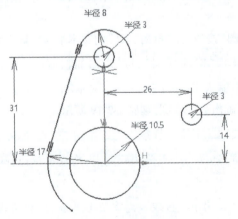

图 1-2-22　修剪多余的线

【小技巧】

1."双切线"命令可智能捕捉切点位置。使用"双切线"命令,一定要单击大致切点位置。

2."修剪"命令:默认的方式是单击保留线段,使用"修剪"命令一定要单击保留线段。修剪命令不仅可以删除多余线段,也可以补画未连接的线段。

8. 画圆柱形延长孔。①单击"矩形"下拉工具条的"圆柱形延长孔"按钮,选择坐标原点,在"草图工具"的文本框"半径"中输入12,按【Enter】键;文本框"H"中输入0,按【Enter】键;文本框"V"中输入"-33",按【Enter】键;文本框"S"中输入30,按【Enter】键,如图1-2-23所示;②单击"矩形"下拉列表的"圆柱形延长孔"按钮,选择坐标原点,再分别选择R12延长孔的两个圆心,在"草图工具"的文本框"半径"输入6,按【Enter】键,完成延长孔画图,如图1-2-24所示。

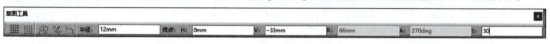

图 1-2-23　草图工具

9. 画多段线。单击"轮廓"按钮,画多段线如图1-2-25所示;约束直线竖直,如图1-2-26所示;约束竖直线与R8相切,如图1-2-27所示;约束竖直线与连接圆弧相切,如图1-2-28所示;约束直线水平,如图1-2-29所示;约束直线竖直,如图1-2-30所示;双击约束按钮,连续标注多段线尺寸,当约束尺寸线倾斜时,右击,弹出快捷菜单,单击"竖直测量方向"选项,如图1-2-31所示,完成多段线尺寸约束,如图1-2-32所示。

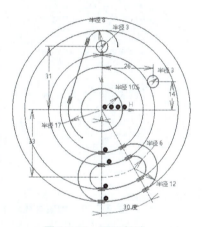

图 1-2-24　画延长孔

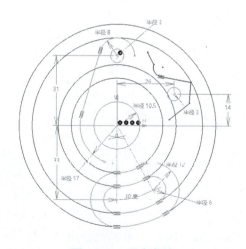

图 1-2-25　画多段线

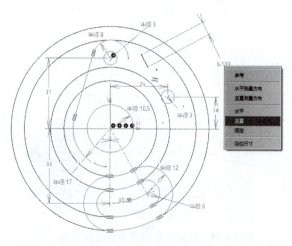

图 1-2-26　约束直线竖直

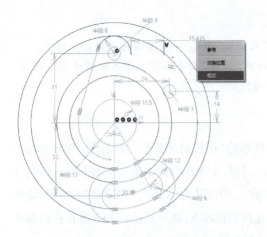
图 1-2-27　约束竖直线与 *R*8 相切

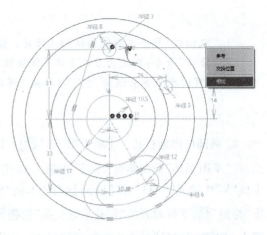
图 1-2-28　约束竖直线与连接圆弧相切

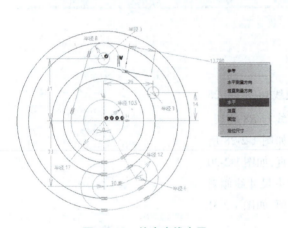
图 1-2-29　约束直线水平

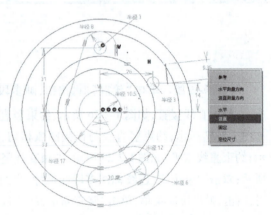
图 1-2-30　约束直线竖直

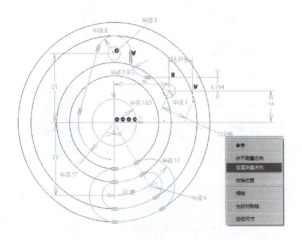
图 1-2-31　倾斜尺寸线变为竖直尺寸线

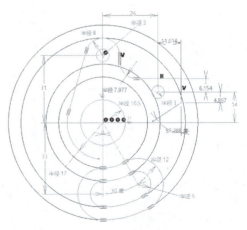
图 1-2-32　约束多段线的尺寸

【小技巧】

1. 约束与 R8 连接的直线竖直时,单击"约束"按钮,选择该直线,右击,弹出快捷菜单,单击"竖直"命令;也可以选择直线,单击"对话框中定义的约束"按钮,弹出"约束定义"对话框,勾选"竖直"选项,单击"确定"按钮即可。

2. 单击"对话框中定义的约束"按钮,可以约束图形线段的几何位置,如对称、同心度、平行、垂直、相合、水平、相切等,也可单击"约束"按钮,选择线段,然后右击弹出快捷菜单,单击相应的几何约束命令。这种方法都可以实现几何约束。

10. 约束多段线。选择图 1-2-31 标注的多段线的一个尺寸,按住【Ctrl】键,依次选择图中激活的其他尺寸,单击"编辑多重约束"按钮,弹出"编辑多重约束"对话框,对话框显示所选尺寸,依次单击尺寸,修改尺寸当前值,完成编辑多段线的尺寸约束,如图 1-2-33 所示。

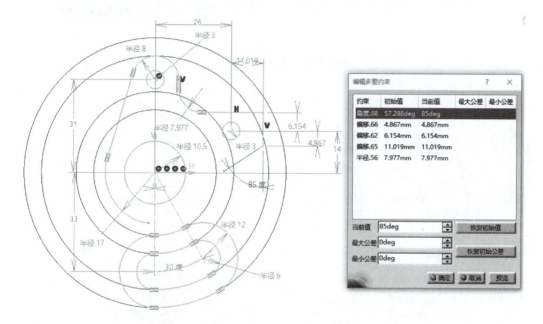

图 1-2-33　编辑多重约束

【小技巧】编辑多重约束命令

如果没有选中图中的任何尺寸,那么将编辑图中所有尺寸;编辑多重约束时,当单击对话框中的尺寸时,该尺寸在图中亮显,方便确定要修改的尺寸数值。

11. 画圆角。①单击"圆角"按钮,选择 R17 圆弧与圆柱形延长孔的左侧 R12 圆弧,如图 1-2-34 所示;②双击尺寸,修改圆角半径为 6;③单击"圆角"按钮,选择 85°斜线与圆柱形延长孔右侧 R12 圆弧;④双击圆角尺寸,改为 R13;⑤删除圆柱形延长孔上面多余的线段,完成草图,如图 1-2-35 所示。

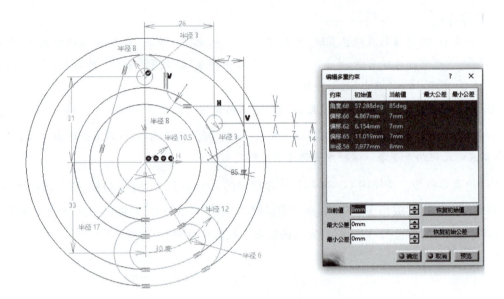

图 1-2-34　修改多段线尺寸

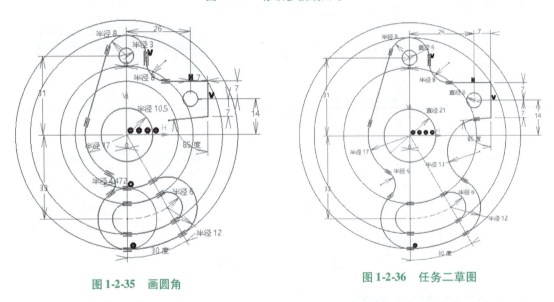

图 1-2-35　画圆角　　　　　　　　　　　图 1-2-36　任务二草图

12. 整理图形，保存文件。

拓展练习

1. 请应用 CATIA 软件，按照尺寸绘制零件图，如图 1-2-37 所示。说明：图中多段圆弧相切。
2. 请应用 CATIA 软件，按照尺寸绘制零件图，如图 1-2-38 所示。说明：图中多段圆弧相切。
3. 请应用 CATIA 软件，按照尺寸绘制零件图，如图 1-2-39 所示。说明：图中多段圆弧相切。
4. 请应用 CATIA 软件，按照尺寸绘制零件图，如图 1-2-40 所示。说明：图中多段圆弧相切。

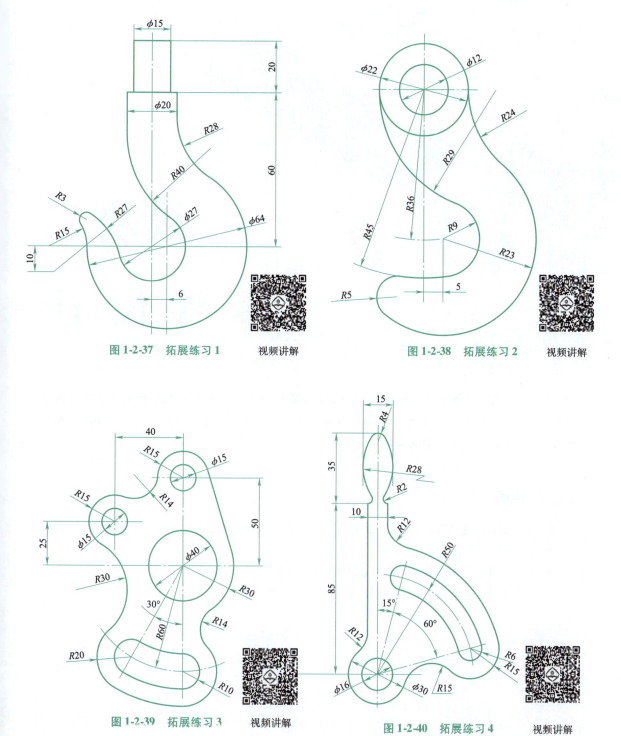

图 1-2-37 拓展练习 1

图 1-2-38 拓展练习 2

图 1-2-39 拓展练习 3

图 1-2-40 拓展练习 4

模块二 零件设计

零件设计是 CATIA 最主要的模块,零件设计模块包含了四个项目,根据形体的形成过程将零件分为:基本体、切割体、相贯体、组合体。本模块从最基础的基本体建模开始,由浅入深、循序渐进,使读者逐渐掌握零件设计的命令及建模过程。

学习指南

1. 零件设计是建模设计的基础,首先要对零件进行形体分析,根据零件的结构特点,决定零件的建模步骤和顺序。

2. 零件建模的基本思路是先整体后局部、先大后小、先叠加后切割。

3. 书中线性尺寸单位是毫米(mm),这里一律省略单位注写。

项目一 基本体建模

学习目标

1. 熟悉零件设计"分点""凸台""旋转"等命令。
2. 能够创建棱柱、圆柱、圆锥、圆台、圆球、圆环等基本体。

项目分析

1. 首先进入零件工作台。
2. 由于基本体结构简单,建模步骤只有两步:(1)单击平面,进入草图工作台画草图;(2)回到零件工作台,拉伸或旋转出基本体。

◎ 任务一 四棱柱建模

学习重点 >>>
学习进入零件工作台和"凸台"命令。

实战演练 >>>

【步骤1】 绘制草图

四棱柱建模

1. 进入草图工作台。选择 xy 平面,单击"草图"按钮 ,进入草图工作台(进入草图工作台的步骤为基础操作,后文将省略详细操作,只介绍参考面)。

【小技巧】

零件建模要先进入平面,画出草图,然后才能生成实体;画草图的平面可以是 xy、yz、zx 三个坐标平面,也可以是零件形体上已有的平面,或者是创建的平面。

2. 画矩形。单击"矩形" 下拉工具条的"居中矩形"按钮 ,选择坐标原点,在"草图工具"的文本框"高度"中输入 40,按【Enter】键,文本框"宽度"中输入 60,按【Enter】键,完成矩形,如图 2-1-1 所示,单击"退出草图工作台"按钮 。

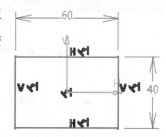

图 2-1-1 画居中矩形

【步骤2】 拉伸实体

1. 拉伸凸台。单击矩形草图(草图亮显,处于激活状态),单击"凸台"按钮 ,弹出"定义凸台"对话框,在"类型"下拉列表中选择默认的"尺寸"选项,在文本框"长度"中输入 20,如图 2-1-2 所示,单击"确定"按钮,完成四棱柱(又称长方体)的创建,如图 2-1-3 所示。

2. 保存文件。

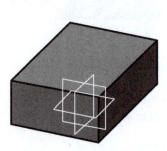

图 2-1-2　"定义凸台"对话框　　　　图 2-1-3　四棱柱建模

◎ 任务二　六棱柱建模

学习重点 >>>

学习"六边形"命令。

【步骤1】绘制草图

1. 进入草图工作台（xy 平面）。

2. 画六边形。单击"矩形"  下拉工具条的"六边形"按钮 ，选择坐标原点，在"草图工具"的文本框"尺寸"中输入60，按【Enter】键，文本框"角度"中输入90，按【Enter】键，如图 2-1-4 所示，完成六边形，如图 2-1-5 所示，单击"退出草图工作台"按钮 。

【步骤2】拉伸实体

1. 拉伸实体。单击六边形草图（草图亮显，处于激活状态），单击"凸台"按钮 ，弹出"定义凸台"对话框，在"类型"下拉列表，选择默认的"尺寸"选项，在文本框"长度"中输入20，单击"确定"按钮，完成六棱柱的创建，如图 2-1-6 所示。

图 2-1-4　设置六边形尺寸

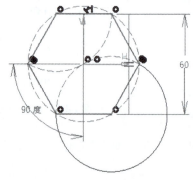
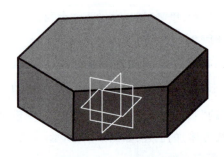

图 2-1-5　画六边形　　　　图 2-1-6　六棱柱建模

2. 保存文件。

◎ 任务三　五棱柱建模

学习重点 >>>
"等距点"命令。

【步骤1】 绘制草图

1. 进入草图工作台（xy 平面）。

五棱柱建模

2. 画圆。单击"圆"按钮 ⊙，选择坐标原点，在"草图工具"的文本框"R"中输入30，按【Enter】键，完成圆形绘制，如图2-1-7所示。

3. 等分圆。单击"通过单击创建点" ■ 下拉工具条的"等距点"按钮 ，单击圆（如果图中圆已经激活亮显，就不用单击圆），弹出"等距点定义"对话框，在文本框"新点"中输入5，如图2-1-8所示，单击"确定"按钮，完成圆的五等分，如图2-1-9所示。

图 2-1-7　画圆

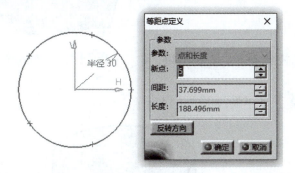

图 2-1-8　圆的等距点

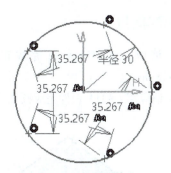

图 2-1-9　圆五等分

4. 画五边形。单击"轮廓"按钮 ，顺次连接等距点，如图2-1-10所示，完成五边形。

5. 整理草图。选择图中的圆，按住【Ctrl】键，依次选择五个等距点，单击"草图工具"的"标准/构造元素"按钮 ，将图中的圆和等距点都变成构造元素（显示虚线），鼠标单击空白处，使得圆和等距点不激活，如图2-1-11所示。再次单击"标准/构造元素"按钮 ，使按钮显现标准元素状态，单击"退出草图工作台"按钮 。

> 【小技巧】
>
> 1. 一般情况下，草图必须是封闭线框，才能创建实体。图2-1-10中有五边形、五个等分点和圆，多个形状相交是无法创建实体的，因此，必须把点和圆都变成构造元素，保留五边形是实线框才可以。
>
> 2. 使用"标准/构造元素"按钮以后，一定记得将按钮还原成标准元素状态，否则，下次画出的图形将是虚线的构造元素。

 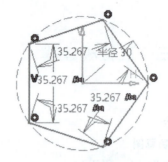

图 2-1-10　画五边形　　　　图 2-1-11　将圆和等分点变成构造元素

【步骤2】拉伸实体

1. 拉伸实体。单击五边形草图（草图亮显，处于激活状态），单击"凸台"按钮 ，弹出"定义凸台"对话框，在"类型"下拉列表，选择默认的"尺寸"选项，在文本框"长度"中输入 20，单击"确定"按钮，完成五棱柱的创建，如图 2-1-12 所示。

2. 保存文件。

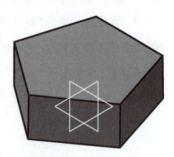

图 2-1-12　五棱柱建模

拓展练习

1. 请应用 CATIA 软件完成正三棱柱建模，尺寸不限，如图 2-1-13 所示。

2. 请应用 CATIA 软件完成圆柱建模，尺寸不限，如图 2-1-14 所示。

 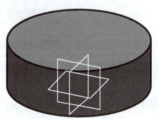

图 2-1-13　拓展练习 1　　视频讲解　　　　图 2-1-14　拓展练习 2　　视频讲解

◎ 任务四　圆锥建模

学习重点 >>>

修改尺寸、"旋转体"命令。

【步骤1】绘制草图

1. 进入草图工作台（yz 平面）。

2. 画三角形。单击"轮廓"按钮 ，选择第一点在 H 轴上（单击点时，H 轴亮显）→第二点在坐标原点→第三点在 V 轴上→完成封闭三角形，如图 2-1-15 所示。

圆锥建模

3. 标注三角形尺寸。双击"约束"按钮 ▭（双击命令按钮，可以连续使用该命令），选择水平线，移动鼠标将尺寸线放在合适位置；选择竖直线，移动鼠标将尺寸线放在合适位置，完成尺寸标注，如图2-1-16所示。

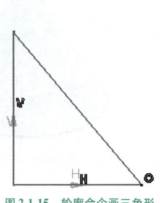

图2-1-15 轮廓命令画三角形　　　　图2-1-16 尺寸标注

> 【注意】
> 由于三角形是不限定尺寸画图，所以标出的尺寸数字不一定与图2-1-16相同。

4. 修改尺寸。双击尺寸60，弹出"约束定义"对话框，将文本框"值"改为40，如图2-1-17所示，单击"确定"按钮，完成尺寸修改，如图2-1-18所示，退出草图工作台。

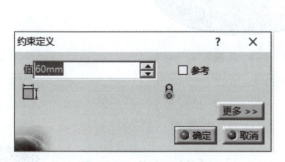

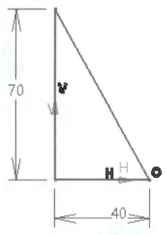

图2-1-17 修改尺寸数字　　　　图2-1-18 三角形尺寸

【步骤2】 旋转实体

1. 旋转实体。单击三角形草图（草图亮显，处于激活状态），单击"旋转体"按钮 ，弹出"定义旋转体"对话框，文本框"选择"呈蓝色，表示待选择，选择V轴竖线，如图2-1-19所示，其他选项为默认，单击"确定"按钮，完成圆锥的创建，如图2-1-20所示。

2. 保存文件。

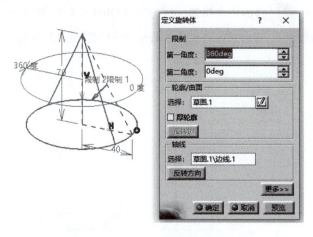

图 2-1-19　"定义旋转体"对话框

图 2-1-20　圆锥建模

拓展练习

请应用 CATIA 软件完成圆台建模,尺寸不限,如图 2-1-21 所示。

图 2-1-21　拓展练习

视频讲解

◎ 任务五　球体建模

学习重点 >>>

"直线"命令。

【步骤1】绘制草图

1. 进入草图工作台(yz 平面)。

2. 画圆弧。单击"圆" ⊙ 下拉工具条的"弧"按钮 ⌒,选择坐标原点,在"草图工具"文本框"R"中输入 30,按【Enter】键,文本框"A"中输入 90,按【Enter】键,文本框"S"中输入 180,按【Enter】键,如图 2-1-22 所示,完成半圆绘制,如图 2-1-23 所示,其中,"A"表示弧起点水平参考之间的角度,"S"表示定向角度。

球体建模

图 2-1-22 草图工具

3. 封闭半圆。单击直线按钮 /，封闭半圆，完成草图绘制，如图 2-1-24 所示，退出草图工作台。

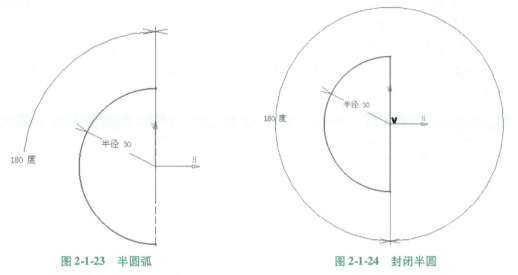

图 2-1-23 半圆弧　　　　　　　　　　　　图 2-1-24 封闭半圆

【步骤2】旋转球体

1. 旋转球体。单击半圆形草图（草图亮显，处于激活状态），单击"旋转体"按钮 ⊕，弹出"定义旋转体"对话框，单击 V 轴竖线，如图 2-1-25 所示，单击"确定"按钮，完成球体创建，如图 2-1-26 所示。

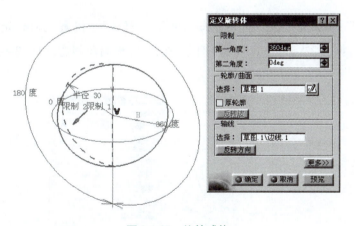

图 2-1-25 旋转球体　　　　　　　　　　　图 2-1-26 球体建模

2. 保存文件。

◎ 任务六 圆环建模

学习 重点 >>>

圆心不在坐标原点的圆的定位尺寸。

圆环（环体）建模

【步骤1】绘制草图

1. 进入草图工作台（yz 平面）。

2. 画圆。单击"圆"按钮 ⊙，"草图工具"的文本框"H"中输入 60，按【Enter】键，文本框"V"中输入 0，按【Enter】键，文本框"R"中输入 10，按【Enter】键，如图 2-1-27 所示，完成圆绘制，如图 2-1-28 所示。

图 2-1-27　草图工具

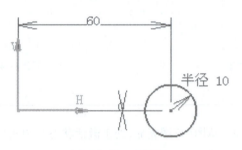

图 2-1-28　绘制圆

【步骤2】旋转环

1. 旋转实体。单击圆形草图（草图亮显，处于激活状态），单击"旋转体"按钮 ⬛，弹出"定义旋转体"对话框，单击 V 轴竖线，如图 2-1-29 所示，单击"确定"按钮，完成圆环创建，如图 2-1-30 所示。

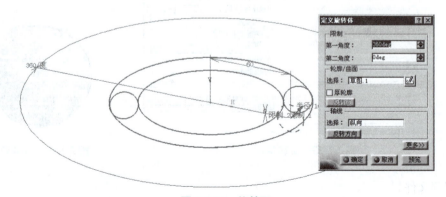

图 2-1-29　旋转环

图 2-1-30 环

2. 保存文件。

项目二 切割体建模

学习目标

1. 熟悉零件设计的"实体混合""多截面实体""凹槽""创建平面"等命令。
2. 能够创建棱台开槽、棱柱开槽、空心圆柱开槽等切割体。
3. 学会在特征树上选取特征。

项目分析

切割体建模是在基本体的基础上进行切割,因此,切割体建模一般需要先进行基本体建模,然后再根据切割面的形状和位置,画草图进行几何体切割。

◎ 任务一 四棱台切割建模

学习重点 >>>

四棱台切割建模

"实体混合"命令、运用特征树选取几何元素。

【步骤1】草图绘制

1. 进入草图工作台(yz 平面)。
2. 画等腰梯形。单击"轮廓"按钮 ,选择坐标原点为起点依次连续画出草图,如图 2-2-1 所示,单击"镜像"按钮 ,单击 V 轴,完成等腰梯形,如图 2-2-2 所示,退出草图工作台。

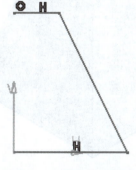

图 2-2-1 画半个梯形草图

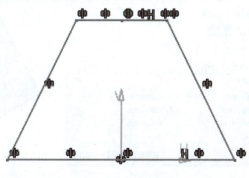

图 2-2-2 镜像草图

【注意】

使用镜像命令前,要镜像的图形必须是亮显、激活状态,如图2-2-1所示。

3. 约束尺寸。如图2-2-3所示,使用"约束"命令标注尺寸,并修改为图中所示尺寸。
4. 进入草图工作台(zx平面)。
5. 画开槽梯形。方法同上,用"轮廓"命令画半个草图,然后镜像草图,如图2-2-4所示;用"约束"命令标注尺寸并按照图2-2-4中所示尺寸进行修改,退出草图工作台。

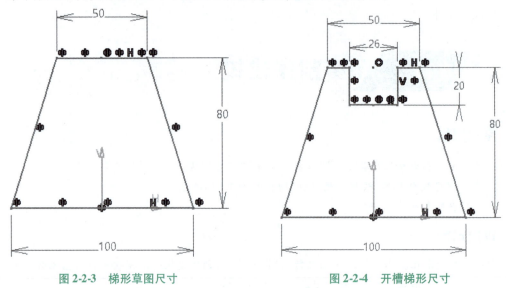

图2-2-3 梯形草图尺寸　　　　　　图2-2-4 开槽梯形尺寸

【步骤2】 形成实体

1. 实体混合。单击"基于草图的特征"工具条中"实体混合"按钮,弹出"定义混合"对话框,打开特征树"零件几何体"的级联菜单,在特征树上分别单击草图1和草图2,如图2-2-5所示,单击"确定"按钮,完成四棱台开槽创建,如图2-2-6所示。

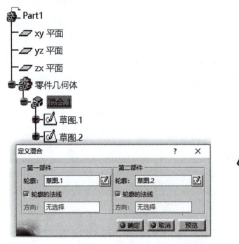
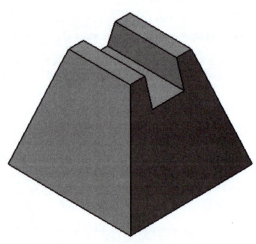

图2-2-5 "定义混合"对话框及特征树　　　　图2-2-6 四棱台开槽建模

模块二 零件设计

2. 保存文件。

> 【小技巧】CATIA特征树
>
> CATIA特征树非常重要,初学者一定要学会灵活运用特征树。CATIA特征树以树状层级结构记录设计的操作过程,特征树可以进行以下操作:
> 1. 单击特征树上的草图、平面、几何体建模特征,与在模型上选取是一样的;
> 2. 双击特征树上的特征,可以对其进行编辑和修改;
> 3. 单击特征树上的草图、平面、几何体建模特征,右击,弹出快捷菜单,单击命令对特征进行操作。
> 4. CATIA特征树的缩放:单击特征树的连线(横线或竖线),模型变暗,操作鼠标可以放大或缩小特征树;再单击特征树的连线,恢复对模型的操作。

拓展练习

请应用CATIA软件的"实体混合"命令完成四棱锥建模,尺寸不限,如图2-2-7所示。

图2-2-7 实体混合四棱锥

◎ 任务二 四棱台对角切割建模

学习重点 >>>

新建偏移平面、"多截面实体"命令、"凹槽"命令。

【步骤1】 四棱台建模

四棱台对角切割建模

1. 进入草图工作台(xy 平面)。
2. 绘制四边形。绘制顶点在轴上的四边形,如图2-2-8所示,退出草图。
3. 新建平面。单击"参考元素"工具条中"平面"按钮 ⌀,弹出"平面定义"对话框,在"平面类型"下拉列表中单击"偏移平面"命令(默认选项);"参考"文本框为蓝色,选择 xy 平面;文本框"偏移"中输入80,单击"确定"按钮,如图2-2-9所示。新建平面在特征树中默认命名为"平面1"。

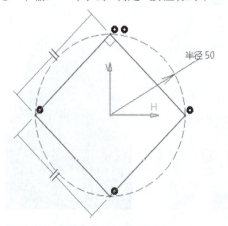

图2-2-8 顶点在轴上的四边形

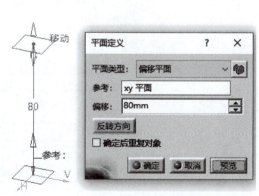

图2-2-9 创建偏移平面(由于白色背景,无法显示步骤1第2步绘制的草图)

41

4. 在新建平面上画四边形。单击特征树中平面1,单击"草图"按钮 ,进入草图工作台;绘制草图如图 2-2-10 所示,退出草图工作台。

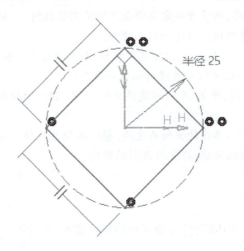

图 2-2-10　在偏移平面画草图(由于白色背景,无法显示步骤1第2步绘制的草图)

> 【小技巧】
>
> 进入草图工作台,如果草图没有全部显示,可以单击绘图区下方"视图"通用工具栏的全部适应按钮 ,草图全部在绘图区显示。

5. 四棱台建模。单击"多截面实体"按钮 ,弹出"多截面实体定义"对话框,分别单击特征树中"草图1"和"草图2"如图 2-2-11 所示,单击"确定"按钮,完成四棱台建模,如图 2-2-12 所示。

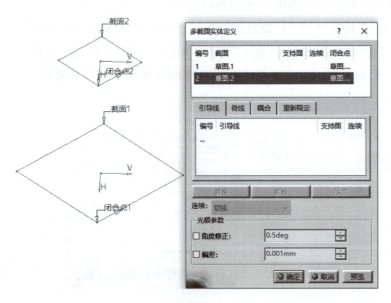

图 2-2-11　"多截面实体定义"对话框

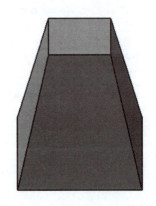

图 2-2-12　多截面实体创建四棱台

模块二 零件设计

> **【注意】**
> 使用"多截面实体"命令时,特别注意闭合点的位置和方向,如果闭合点位置不一致或方向不一致,形体就会扭曲或无法形成实体,如图2-2-13所示。
> 1. 为了保持闭合点一致,可以在单击每个草图之后,直接在图中单击选定一点作为闭合点,可以保持多截面实体的闭合点一致;
> 2. 如果单击草图后没有选定闭合点,则系统会默认选定闭合点;
> 3. 如果系统默认的闭合点不一致,将鼠标指针放在闭合点上,右击,弹出快捷菜单,可以单击"替换"或"移除"选项,替换闭合点;或单击闭合点的箭头,改变闭合点方向,以保持闭合点方向一致。

【步骤2】 四棱台开槽

1. 画开槽草图。进入草图工作台(zx 平面)。单击"居中矩形"按钮 ▫,绘制草图如图2-2-14所示,退出草图工作台。

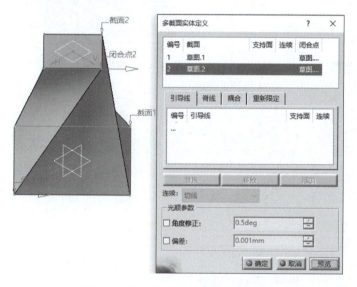

图2-2-13 闭合点不一致的扭曲四棱台

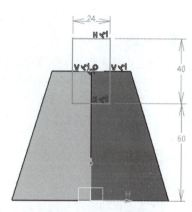

图2-2-14 画开槽草图

> **【注意】**
> 如图2-2-14所示,图中用"居中矩形"命令画开槽草图,居中矩形中心点与梯形上边相合,实际开槽尺寸是槽深20,宽24;也可以采用"轮廓"命令和"镜像"命令,画出开槽草图;随着学习的深入,用不同命令都可以画出同样的图形,方法不唯一。

2. 开槽。单击"基于草图的特征"工具条中"凹槽"按钮 ▫,弹出"定义凹槽"对话框,单击"类型"下拉列表中"尺寸"命令(默认选项);文本框"深度"中输入40(尺寸数值不一定完全一致,只要超过实体,全部切透即可);勾选"镜像"选项,如图2-2-15所示,单击"确定"按钮,完成四棱台开槽建模,如图2-2-16所示。

3. 保存文件。

43

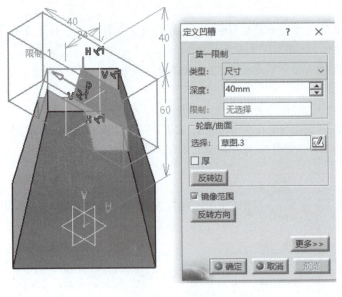
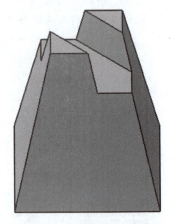

图 2-2-15　定义凹槽　　　　　　　　　图 2-2-16　四棱台对角开槽建模

【注意】

任务一和任务二虽然都是四棱台开槽,但因开槽方向不同,建模方法有所不同。任务一也可以用任务二的多截面实体的方法建模,但任务二却不能用任务一的实体混合的方法建模。因为实体混合是两个草图平面拉伸相交成实体,任务二的开槽与草图拉伸方向不一致,所以不适用实体混合的方法。

拓展练习

1. 请完成五棱柱切斜面建模,尺寸不限,如图 2-2-17 所示。
2. 请完成四棱柱切斜面建模,尺寸不限,如图 2-2-18 所示。

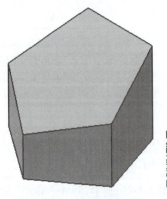
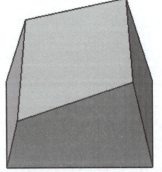

图 2-2-17　拓展练习 1　　视频讲解　　　　图 2-2-18　拓展练习 2　　视频讲解

3. 请完成三棱柱开槽建模,尺寸不限,如图 2-2-19 所示。
4. 请完成四棱台切"竖直面+斜面"建模,尺寸不限,如图 2-2-20 所示。

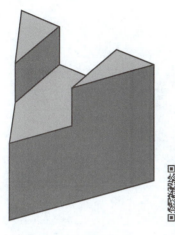

图 2-2-19　拓展练习 3　　　视频讲解　　　　图 2-2-20　拓展练习 4　　　视频讲解

5. 请完成圆柱切斜面建模,尺寸不限,如图 2-2-21 所示。
6. 请完成圆柱开槽建模,尺寸不限,如图 2-2-22 所示。

图 2-2-21　拓展练习 5　　　视频讲解　　　　图 2-2-22　拓展练习 6　　　视频讲解

7. 请完成圆锥被与轴线平行的竖直面切割建模,尺寸不限,如图 2-2-23 所示。
8. 请完成圆锥被"水平面 + 过锥顶斜面"切割建模,尺寸不限,如图 2-2-24 所示。

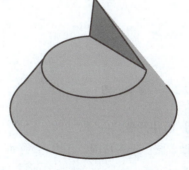

图 2-2-23　拓展练习 7　　　视频讲解　　　　图 2-2-24　拓展练习 8　　　视频讲解

9. 请完成半球开槽建模，尺寸不限，如图 2-2-25 所示。

视频讲解

图 2-2-25　拓展练习 9

◎ 任务三　空心圆柱切割建模

学习重点 >>>

拉伸空心圆柱。

【步骤1】圆柱建模

1. 进入草图工作台（xy 平面）。
2. 画草图。画同心圆，如图 2-2-26 所示，退出草图工作台。
3. 拉伸圆柱。"长度"输入 80，如图 2-2-27 所示。

空心圆柱切割建模

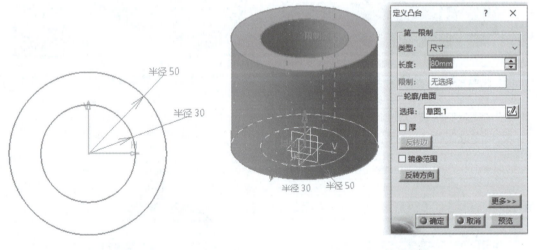

图 2-2-26　画同心圆　　　图 2-2-27　拉伸圆柱

【步骤2】圆柱开槽

1. 画开槽草图。进入草图工作台（yz 平面），画居中矩形，如图 2-2-28 所示，退出草图工作台。
2. 空心圆柱开槽。单击"凹槽"按钮，弹出"定义凹槽"对话框，在"类型"下拉列表中选择"尺寸"（默认）命令，文本框"深度"中输入 65（尺寸数值仅供参考，以切透为准），勾选"镜像"选项，如图 2-2-29 所示。完成圆柱开槽建模，如图 2-2-30 所示。

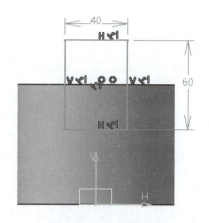

图 2-2-28 开槽草图

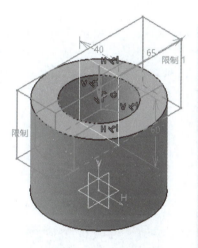

图 2-2-29 定义凹槽

图 2-2-30 空心圆柱开槽建模

3. 保存文件。

◎ 任务四　圆柱凸块建模

学习重点 >>>

创建多个不相交封闭线框的凹槽。

【步骤1】 圆柱建模

1. 进入草图工作台（xy 平面）。
2. 画草图。画圆 $R50$，退出草图工作台。
3. 圆柱建模。凸台拉伸80，完成圆柱建模。

【步骤2】 圆柱凸块建模

1. 凸块草图。进入草图工作台（yz 平面）。画一个矩形，单击"镜像"按钮，画出另一个矩

圆柱凸块建模

形,尺寸如图 2-2-31 所示,退出草图工作台。

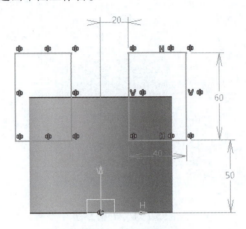

图 2-2-31　凸块草图

2. 凸块建模。单击"凹槽"按钮 ，对话框选项及文本框输入如图 2-2-32 所示,切去圆柱两侧,完成圆柱凸块建模,如图 2-2-33 所示。

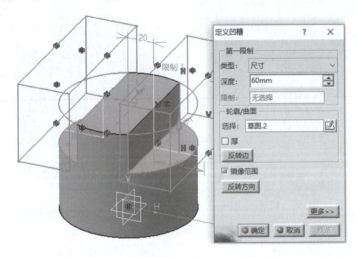
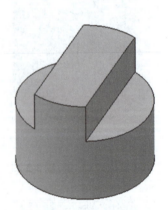

图 2-2-32　定义凹槽　　　　　　　　　　　图 2-2-33　圆柱凸块建模

3. 保存文件。

【注意】

CATIA 创建实体一般需要草图封闭,如果草图未封闭(或草图相交、草图有线段超出图形、草图线段重叠)都无法生成实体。任务四虽然是两个矩形框,但未相交,因此,可以进行建模。

◎ 任务五　组合回转体切割建模

学习重点 >>>

回转组合轮廓和创建不规则线框凹槽。

组合回转体切割建模

【步骤 1】组合回转体建模

1. 进入草图工作台（zx 平面）。画草图如图 2-2-34 所示，退出草图工作台。
2. 回转体建模。运用"旋转体"命令，绕 H 轴旋转，完成组合回转体建模，如图 2-2-35 所示。

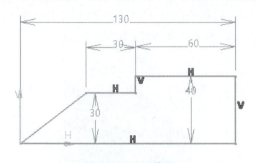

图 2-2-34　画草图

图 2-2-35　回转体建模

【步骤 2】组合回转体切割

1. 切割草图。进入草图工作台（zx 平面），画草图，如图 2-2-36 所示，退出草图工作台。

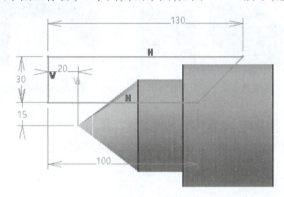

图 2-2-36　画草图

2. 组合回转体切割建模。单击"凹槽"按钮 ，对话框选项和文本框输入如图 2-2-37 所示，完成建模，如图 2-2-38 所示。

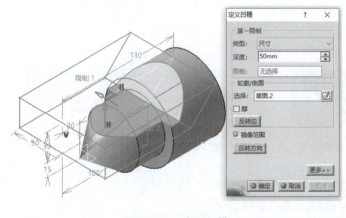

图 2-2-37　定义凹槽

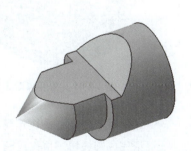

图 2-2-38　组合回转体切割建模

49

3. 保存文件。

拓展练习

1. 请完成圆柱被"平行轴线的竖直面+斜面"切割的建模，尺寸不限，如图 2-2-39 所示。
2. 请完成圆柱上方凸块、下方开槽切割体建模，尺寸不限，如图 2-2-40 所示。

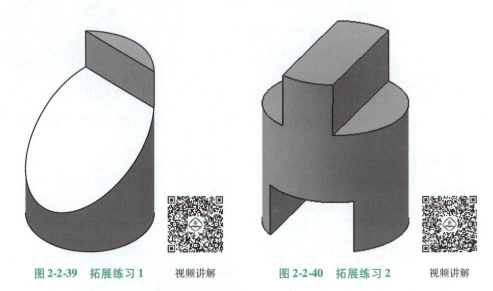

图 2-2-39　拓展练习 1　　视频讲解　　　　图 2-2-40　拓展练习 2　　视频讲解

3. 请完成圆柱切方孔建模，尺寸不限，如图 2-2-41 所示。
4. 请完成空心半圆柱开槽建模，尺寸不限，如图 2-2-42 所示。

图 2-2-41　拓展练习 3　　视频讲解　　　　图 2-2-42　拓展练习 4　　视频讲解

5. 请完成空心圆柱凸块建模，尺寸不限，如图 2-2-43 所示。
6. 请完成圆柱切三角孔建模，尺寸不限，如图 2-2-44 所示。

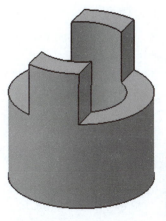 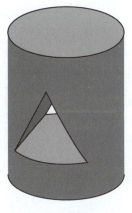

图 2-2-43　拓展练习 5　　视频讲解　　图 2-2-44　拓展练习 6　　视频讲解

项目三　相贯体建模

相贯体建模

学习目标

1. 熟悉零件设计、"孔"命令等。
2. 能够创建等径或不等径圆柱实体相贯、空心相贯等相贯体。

项目分析

相贯体建模是两个基本体相交，因此，相贯体建模一般需要先进行一个基本体建模，然后再根据相贯体的形状和位置，创建另一个基本。

◎ 任务一　不等径圆柱相贯建模

学习重点 >>>

创建两个基本体相交。

【步骤1】绘制大圆柱

1. 画草图。进入草图工作台（yz 平面），画 R40 圆，退出草图工作台。
2. 大圆柱建模。单击"凸台"按钮 ，对话框选项和文本框输入如图 2-3-1 所示，完成大圆柱建模。

【步骤2】绘制小圆柱

1. 画草图。进入草图工作台（xy 平面），画 R25 圆，退出草图工作台。
2. 拉伸小圆柱。单击"凸台"按钮 ，弹出"定义凸台"对话框，对话框选项和文本框输入如图 2-3-2 所示，完成不等径实体圆柱相贯，如图 2-3-3 所示。

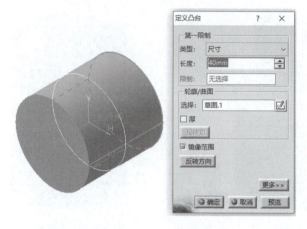

图 2-3-1　定义大圆柱凸台

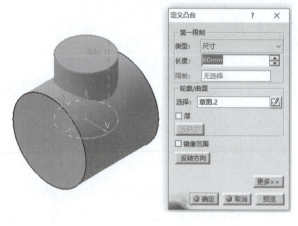

图 2-3-2　定义小圆柱凸台

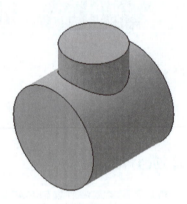

图 2-3-3　不等径圆柱相贯建模

3. 保存文件。

拓展练习

请完成不等径圆柱相贯建模，尺寸不限，如图 2-3-4 和图 2-3-5 所示。

图 2-3-4　拓展练习 1-1　　　视频讲解

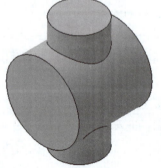

图 2-3-5　拓展练习 1-2　　　视频讲解

◎ 任务二　圆柱与空心孔不等径相贯建模

圆柱与空心孔
不等径相贯建模

学习重点 >>>

创建空心几何体。

【步骤1】绘制大圆柱

1. 画草图。进入草图工作台（yz 平面），画 R40 圆，退出草图工作台。

2. 大圆柱建模。单击"凸台"按钮 ，弹出"定义凸台"对话框，长度尺寸设为 40，勾选"镜像"选项，完成大圆柱建模。

【步骤2】绘制空心小圆柱

1. 画草图。进入草图工作台（xy 面），画 R25 圆，退出草图工作台。

2. 小圆柱建模。单击"凹槽"按钮 ，弹出"定义凹槽"对话框，深度尺寸设为 50，勾选"镜像"选项，完成圆柱相贯建模，如图 2-3-6 所示。

3. 保存文件。

图 2-3-6　圆柱与空心孔不等径相贯

◎ 任务三　圆柱实体等径、内孔不等径相贯建模

圆柱实体等径、内孔
不等径相贯建模

学习重点 >>>

"孔"命令、在圆形表面钻孔、"直到最后"命令。

【步骤1】绘制轴线水平外圆柱

1. 画草图。进入草图工作台（yz 平面），画 R40 圆，退出草图工作台。

2. 圆柱建模。单击"凸台"按钮 ，弹出"定义凸台"对话框，长度尺寸设为 50，勾选"镜像"选项，完成轴线水平的圆柱建模。

【步骤2】绘制轴线竖直外圆柱

1. 画草图。进入草图工作台（xy 平面），画 R40 圆，退出草图工作台。

2. 圆柱建模。单击"凸台"按钮 ，弹出"定义凸台"对话框，长度尺寸设为 50，完成轴线竖直的圆柱建模两圆柱等径相贯，如图 2-3-7 所示。

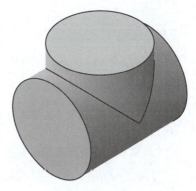

图 2-3-7　圆柱等径相贯

【步骤3】轴线水平圆柱钻孔

单击"孔"按钮，选择轴线水平圆柱左端外圆边线轮廓，如图 2-3-8 所示，再选择左端圆面任意位置，弹出"定义孔"对话框：单击"扩展"选项卡，在下拉列表中选择"直到最后"命令，文本框"直径"输入 50，如图 2-3-9 所示；单击"类型"选项卡，在下拉列表中单击"简单"选项，如图 2-3-10 所示，其他选项默认即可，单击"确定"按钮，完成钻孔如图 2-3-11 所示。

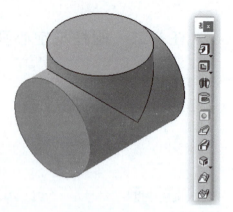

图 2-3-8　选择圆边线，再选择圆表面任意位置

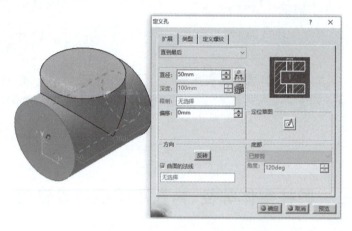

图 2-3-9　"定义孔"对话框"扩展"选项卡

图 2-3-10　"扩展"选项卡的下拉列表与"类型"选项卡的下拉列表　　图 2-3-11　轴线水平圆柱钻通孔

【步骤4】轴线竖直圆柱钻孔

1. 钻孔。单击"孔"按钮，选择轴线竖直圆柱上端外圆边线轮廓，再选择上端圆面任意位置，弹出"定义孔"对话框：单击"扩展"选项卡，在下拉列表中选择"直到下一个"命令，文本框"直径"输入 40，如图 2-3-12 所示；单击"类型"选项卡，在下拉列表中单击"简单"选项，其他选项默认即可，单击"确定"按钮，完成相贯建模如图 2-3-13 所示。

模块二 零件设计

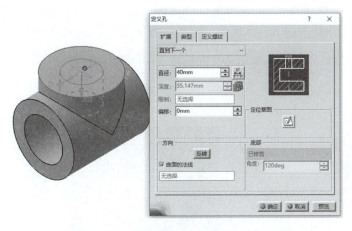

图 2-3-12　"定义孔"对话框的"扩展"选项卡　　　　图 2-3-13　空心不等径相贯建模

2. 保存文件。

【小技巧】
若在圆表面钻孔,或有圆角的表面钻孔,先选择圆或圆弧边线,再选择表面,钻孔与圆或圆弧同心;如果不选择圆或圆弧边线,而是直接选择表面,则系统默认鼠标选择位置为孔心位置。

◎ 任务四　长方体内孔不等径相贯建模

【学习重点】>>>
在非圆表面钻孔的方法、"孔"命令、"直到最后"命令。

长方体内孔不等径相贯建模

【步骤1】长方体建模

1. 画草图。进入草图工作台(yz 平面),画居中矩形 80×80、圆 $R30$,如图 2-3-14 所示,退出草图工作台。

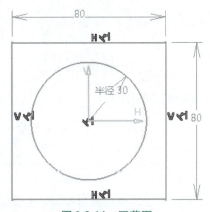

图 2-3-14　画草图

2. 长方体建模。单击"凸台"按钮,弹出"定义凸台"对话框,长度尺寸设为 50,勾选"镜像"选项,完成长方体建模。

55

【步骤2】钻轴线竖直孔

1. 孔心位置草图。选择长方体上端面如图2-3-15所示,单击"草图"按钮,进入草图工作台。单击"点"按钮,选择坐标原点,完成点创建,如图2-3-16所示,退出草图工作台。

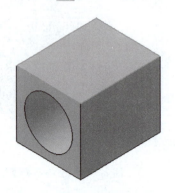

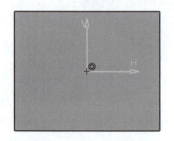

图2-3-15　单击上端面进入草图　　　　　图2-3-16　点在坐标原点位置

2. 钻孔。单击"孔"按钮,选择点,再选择上端面(位置不限),弹出"定义孔"对话框:单击"扩展"选项卡,在下拉列表中选择"直到最后"命令,文本框"直径"输入40,如图2-3-17所示;单击"类型"选项卡,在下拉列表中选择"简单"命令,其他选项默认即可,单击"确定"按钮,完成内孔不等径相贯建模,如图2-3-18所示。

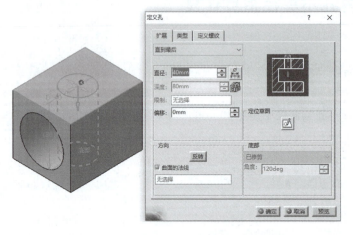

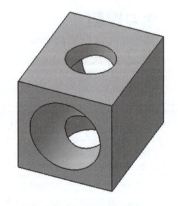

图2-3-17　"定义孔"对话框的"扩展"选项卡　　　　图2-3-18　长方体内孔不等径相贯建模

3. 保存文件。

【小技巧】

在非圆表面钻孔,最好先在表面用"点"命令画出圆心位置,钻孔时,先选择点,再选择表面任意位置,孔心在点的位置;若没有先画点,则鼠标选择位置为圆心;需要单击"扩展"选项卡的定位草图选项区的"定位草图"按钮,如图2-3-19所示,进入草图约束圆心定位尺寸才可以。

图 2-3-19 "扩展"选项卡的"定位草图"按钮

【注意】

随着课程的深入,学会的命令越来越多,使用不同命令都可以实现同样的建模,没有对错之分,只有步骤多少的区别。如本项目中任务四的上表面钻孔,这里只是为了讲解非圆表面钻孔方法而采取的操作;也可以在 xy 面画 φ40 圆,定义"凹槽"对话框,勾选"镜像"选项,切透即可。

◎ 任务五　圆柱内孔等径相贯建模

学习重点 >>>

空心圆柱建模。

【步骤1】 空心圆柱建模

1. 画草图。进入草图工作台(xy 平面),画同心圆 R40、R25,退出草图工作台。

2. 空心圆柱建模。单击"凸台"按钮 ,弹出"定义凸台"对话框,长度尺寸设为 40,勾选"镜像"选项,完成空心圆柱建模。

【步骤2】 孔建模

1. 画草图。进入草图工作台(yz 平面),画圆 R25,退出草图工作台。

2. 通孔建模。单击"凹槽"按钮,弹出"定义凹槽"对话框,深度尺寸 50,勾选"镜像"选项,如图 2-3-20 所示,完成圆柱内孔等径相贯建模,如图 2-3-21 所示。

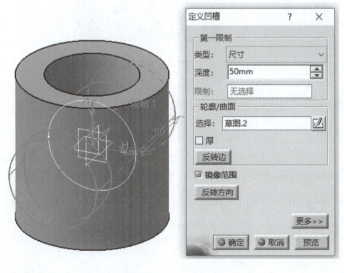

图 2-3-20　定义凹槽

图 2-3-21　圆柱内孔等径相贯建模

3. 保存文件。

◎ 任务六 圆柱凸台相贯建模

学习重点 >>>

新建偏移平面、"直到下一个"命令、"钻孔"命令。

圆柱凸台相贯建模

【步骤1】空心圆柱建模

1. 画草图。进入草图工作台(xy平面),画同心圆 $R40$、$R25$,退出草图工作台。

2. 空心圆柱建模。单击"凸台"按钮 ,弹出"定义凸台"对话框,长度尺寸设为80,完成空心圆柱建模。

【步骤2】凸台建模

1. 创建平面。单击"平面"按钮 ,弹出"平面定义"对话框:选择"平面类型"下拉列表中"偏移平面"命令;文本框"参考"单击 yz 坐标平面;文本框"偏移"中输入50;单击"确定"按钮,如图2-3-22所示。

2. 凸台草图。选择平面1,单击"草图"按钮 ,进入草图工作台。画草图,如图2-3-23所示(可以用"延长孔"命令画图,删除下面半个圆弧,再用直线封闭草图),退出草图工作台。

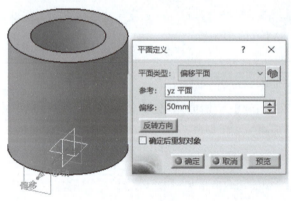

图2-3-22 创建偏移平面

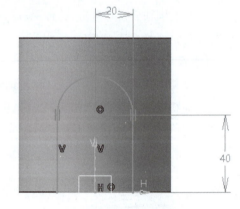

图2-3-23 凸台草图

3. 凸台建模。单击"凸台"按钮 ,弹出"定义凸台"对话框:选择"类型"下拉列表中"直到下一个"命令,单击"确定"按钮,如图2-3-24所示。

【步骤3】钻孔

1. 创建孔。单击"孔"按钮 ,选择凸台圆弧边线,如图2-3-25所示,再选择凸台表面任意位置,弹出"定义孔"对话框:选择"扩展"选项卡下拉列表中"直到下一个"命令,文本框"直径"中输入20;选择"类型"选项卡下拉列表中的"简单"命令,其他选项默认即可,单击"确定"按钮,如图2-3-26所示,完成建模如图2-3-27所示。

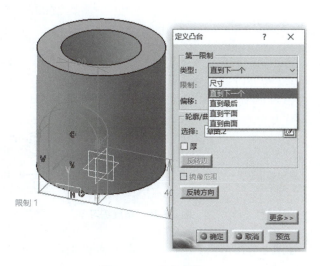

图 2-3-24　凸台建模　　　　　　　　图 2-3-25　单击凸台边线

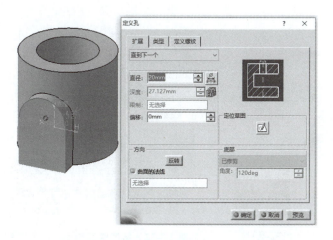

图 2-3-26　"定义孔"对话框"扩展"选项卡　　　图 2-3-27　圆柱凸台相贯建模

2. 保存文件。

拓展练习

1. 请完成凸台圆柱相贯建模,尺寸不限,如图 2-3-28 所示。说明:凸台下面半圆柱轴线与大圆柱顶面相合。

2. 请完成圆柱相贯建模,尺寸不限,如图 2-3-29 所示。说明:圆柱内孔通孔等径相贯。

3. 请完成球与空心圆柱相贯建模,尺寸不限,如图 2-3-30 所示。说明:内孔通孔等径相贯。

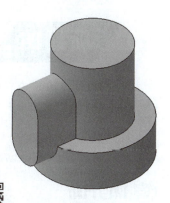

图 2-3-28　拓展练习 1

视频讲解

图 2-3-29　拓展练习 2　　视频讲解

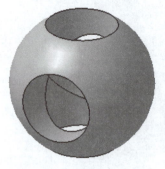

图 2-3-30　拓展练习 3　　视频讲解

4. 请完成圆柱相贯建模,尺寸不限,如图 2-3-31 所示。说明:不等径的两个半圆柱可以用"实体混合"命令;圆柱内孔等径相贯,轴线水平的孔为盲孔。

5. 请完成圆柱相贯建模,尺寸不限,如图 2-3-32 所示。说明:孔为通孔。

图 2-3-31　拓展练习 4　　视频讲解

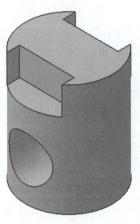

图 2-3-32　拓展练习 5　　视频讲解

项目四　组合体建模

学习目标

1. 熟悉零件设计命令,如"镜像""加强肋""圆角"等。
2. 能够创建叠加类、切割类、综合类等组合体。

项目分析

1. 组合体的组合形式有叠加类、切割类和综合类,因此,组合体建模不能一次成形,应根据其结构形状分析清楚,哪些结构需要叠加,哪些结构需要切割,经过多次建模才能成形。

2. 包含多个几何体的组合体建模时,基准的选择非常重要,特别要注意组合体的对称性。

◎ 任务一　不平齐组合体建模

学习重点 >>>

两个几何体叠加画法。

不平齐组合体建模

【步骤1】 绘制长方体

1. 画草图。进入草图工作台(xy 平面),画居中矩形 80×50,退出草图工作台。

2. 长方体建模。单击"凸台"按钮 ⃞,弹出"定义凸台"对话框,长度尺寸设为 20,如图 2-4-1 所示,完成长方体建模。

【步骤2】 绘制竖板

1. 画草图。进入草图工作台(zx 平面),画竖板草图,如图 2-4-2 所示,退出草图工作台。

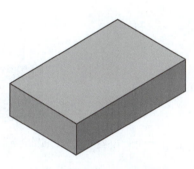

图 2-4-1　长方体建模

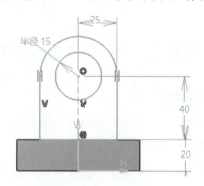

图 2-4-2　竖板草图

2. 竖板建模。单击"凸台"按钮 ⃞,弹出"定义凸台"对话框,长度尺寸设为 10,勾选"镜像"选项,单击"确定"按钮,完成建模,如图 2-4-3 所示。

3. 保存文件。

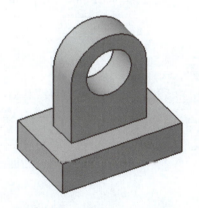

图 2-4-3　不平齐组合体建模

拓展练习

请完成平齐组合体建模,尺寸不限,如图 2-4-4 所示。

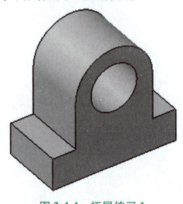

视频讲解

图 2-4-4　拓展练习 1

◎ 任务二　相切组合体建模

学习重点 >>>

相切组合体建模

"定位草图"、"投影 3D 元素"命令。

【步骤1】　绘制圆柱

1. 画草图。进入草图工作台(xy 平面),画圆 R30,退出草图工作台。

2. 圆柱建模。单击"凸台"按钮 ,弹出"定义凸台"对话框,长度尺寸设为 60,单击"确定"按钮,完成圆柱建模。

【步骤2】　绘制相切板

1. 进入草图工作台。选择 xy 平面,单击"草图" 下拉工具条的"定位草图"按钮 ,弹出"草图定位"对话框:选择"反转 H"和"反转 V"复选框,如图 2-4-5 所示,单击"确定"按钮,进入草图工作台。

图 2-4-5　"草图定位"对话框

【小技巧】

进入草图工作台(xy 平面)时,画草图如图 2-4-6 所示,回到零件工作台的方向与草图方向相反,如图 2-4-7 所示。所以,如果要在 xy 平面画草图,且要求方向一致,应选择 xy 平面,单击"定位草图"按钮 ,弹出"草图定位"对话框,选择"反转 H"、"反转 V"复选框,进入草图工作台画草图,退出草图工作台后进入零件工作台,则建模的方向与草图画图方向一致。

特别是形状复杂的零件,要在 xy 平面画草图,或者与 xy 平面平行的平面画草图,常常要用到定位草图,使画出的草图方向与零件建模的结构方向一致。

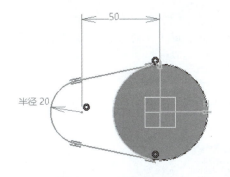

图 2-4-6 xy 面草图方向

图 2-4-7 零件结构位置与草图方向相反

2. 画草图。①画圆弧 $R20$,定位尺寸 60,如图 2-4-8 所示;②单击"投影 3D 元素"按钮 ,选择圆的边线,如图 2-4-9 所示,此时边线变成黄色,表示投影完成,如图 2-4-10 所示;③单击"直线" 下拉工具条的"双切线"按钮 ,画两条切线如图 2-4-11 所示;④单击"修剪"按钮 ,修剪多余弧线(投影 3D 元素的右侧圆弧一定要删除);⑤完成相切板草图,如图 2-4-12 所示,退出草图工作台。

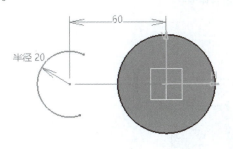

图 2-4-8 画圆弧

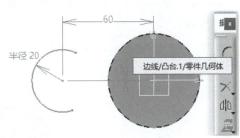

图 2-4-9 "投影 3D 元素"命令

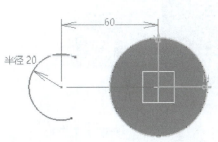

图 2-4-10 投影 3D 元素的图线为黄色

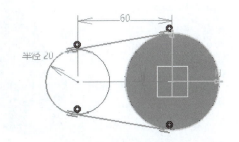

图 2-4-11 画双切线

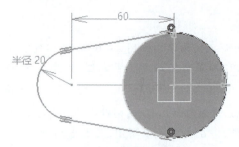

图 2-4-12　相切板草图

> 💡 【小技巧】"投影3D元素"命令
>
> "投影3D元素"命令,是利用已经建模的实体,投影到草图平面的形状,省去重新画图及约束尺寸等步骤,非常便捷。

3. 相切板建模。单击"凸台"按钮 ⟟,弹出"定义凸台"对话框,长度尺寸设为20,单击"确定"按钮,完成相切组合体建模,如图2-4-13所示。

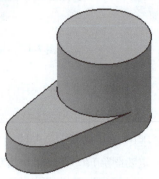

图 2-4-13　相切组合体建模

4. 保存文件。

 拓展练习

请完成相交组合体建模,尺寸不限,如图2-4-14所示。

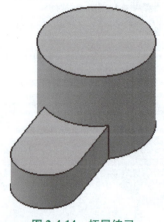

视频讲解

图 2-4-14　拓展练习

◎ 任务三 切割类组合体建模

学习 重点 >>>

建模顺序要先整体后局部,先大后小。

切割类组合体建模

【步骤1】 整体建模

1. 画草图。进入草图工作台(zx 平面),画草图,如图 2-4-15 所示,退出草图工作台。

2. 实体建模。单击"凸台"按钮 ,弹出"定义凸台"对话框,长度尺寸设为 12,勾选"镜像"选项,单击"确定"按钮,完成实体建模,如图 2-4-16 所示。

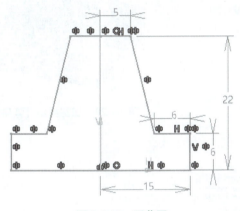

图 2-4-15 画草图

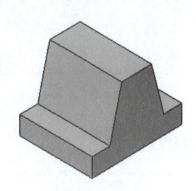

图 2-4-16 实体建模

【步骤2】 上部开槽

1. 画草图。进入草图工作台(yz 平面),画草图如图 2-4-17 所示,退出草图工作台。

2. 凹槽建模。单击"凹槽"按钮 ,弹出"定义凹槽"对话框,深度尺寸设为 10(尺寸仅供参考,切透即可),勾选"镜像"选项,完成上部开槽建模,如图 2-4-18 所示。

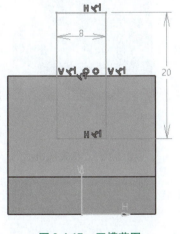

图 2-4-17 开槽草图

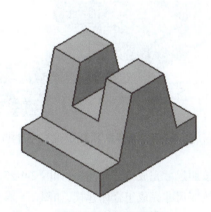

图 2-4-18 定义凹槽

【步骤3】 底板开槽

1. 画草图。进入草图工作台（xy 平面），画草图如图 2-4-19 所示，退出草图工作台。

2. 凹槽建模。单击"凹槽"按钮 ，弹出"定义凹槽"对话框，单击"类型"选项卡下拉列表中"直到最后"选项，单击"确定"按钮，完成组合体建模，如图 2-4-20 所示。

3. 保存文件。

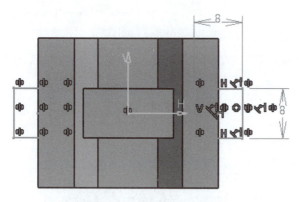

图 2-4-19　底板开槽草图

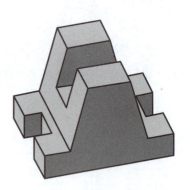

图 2-4-20　切割类组合体建模

拓展练习

1. 请按照尺寸完成组合体建模，如图 2-4-21 所示。
2. 请按照尺寸完成组合体建模，如图 2-4-22 所示。

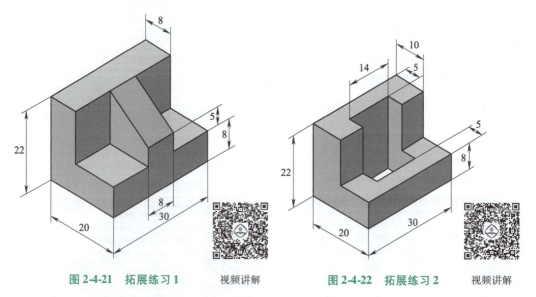

图 2-4-21　拓展练习 1　　视频讲解　　　　图 2-4-22　拓展练习 2　　视频讲解

3. 请按照尺寸完成组合体建模，如图 2-4-23 所示。
4. 请按照尺寸完成组合体建模，如图 2-4-24 所示。

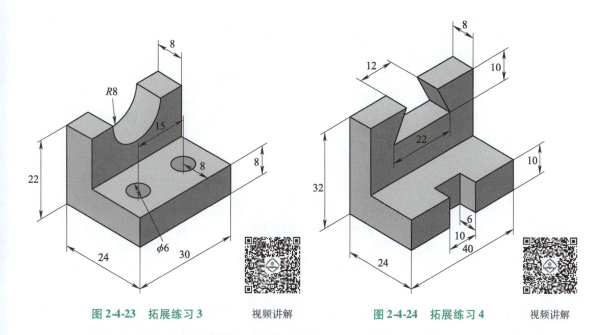

图 2-4-23 拓展练习 3　　视频讲解　　　　图 2-4-24 拓展练习 4　　视频讲解

5. 请按照尺寸完成组合体建模,如图 2-4-25 所示。
6. 请按照尺寸完成组合体建模,如图 2-4-26 所示。

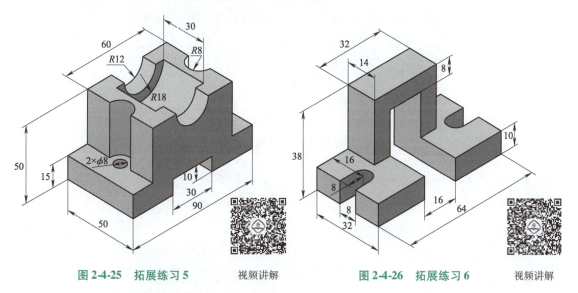

图 2-4-25 拓展练习 5　　视频讲解　　　　图 2-4-26 拓展练习 6　　视频讲解

◎ 任务四　综合类组合体建模

学习重点 >>>

零件设计的"倒圆角"命令、"镜像"命令、"钻沉头孔"命令、"加强肋"命令。

【步骤1】底板建模

综合类组合体建模

1. 画草图。选择 xy 平面,单击"定位草图"按钮,弹出"草图定位"对话框:选择"反转 H"、

"反转 V"复选框,单击"确定"按钮,进入草图工作台。画草图如图 2-4-27 所示,退出草图工作台。

图 2-4-27　画底板草图

2. 长方体建模。单击"凸台"按钮, 弹出"定义凸台"对话框,长度尺寸设为 15,单击"确定"按钮,完成长方体建模。

3. 倒圆角。单击"倒圆角"按钮, 选择长方体左侧长边两条棱,弹出"倒圆角定义"对话框,文本框"半径"输入 15,如图 2-4-28 所示,单击"确定"按钮,完成倒圆角,如图 2-4-29 所示。

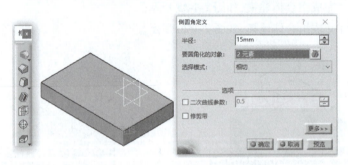

图 2-4-28　倒圆角定义

4. 沉头孔圆心草图。选择长方体上表面,单击"定位草图"按钮![], 弹出"草图定位"对话框:选择"反转 H"、"反转 V"复选框,单击"确定"按钮,进入草图工作台;单击"通过单击创建点"按钮![],约束尺寸,如图 2-4-30 所示。

图 2-4-29　倒圆角建模

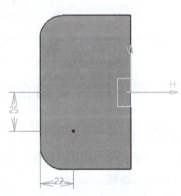

图 2-4-30　沉头孔圆心位置点

5. 钻沉头孔。单击"孔"按钮 ◎，选择已创建的点，再选择长方体上表面任意位置，弹出"定义孔"对话框：单击"类型"选项卡下拉列表中"沉头孔"选项，文本框"直径"输入26，文本框"深度"输入3，如图2-4-31所示；单击"扩展"选项卡下拉列表中"直到最后"选项，"直径"文本框输入15，如图2-4-32所示，单击"确定"按钮，完成钻孔建模。

 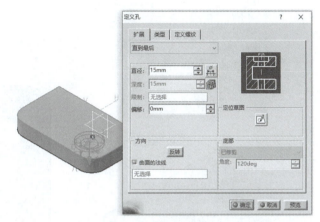

图 2-4-31　"定义孔"对话框的"类型"选项卡　　　图 2-4-32　"定义孔"对话框的"扩展"选项卡

6. 对称孔。单击"镜像"按钮 ，弹出"定义镜像"对话框，文本框"镜像元素"单击 zx 平面，如图2-4-33所示，完成底板建模如图2-4-34所示。

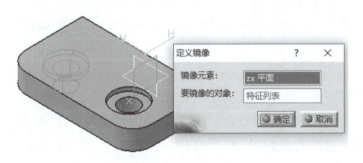 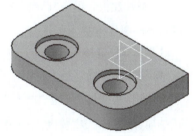

图 2-4-33　定义镜像　　　　　　　　　　图 2-4-34　底板建模

【注意】

虽然草图工作台和零件工作台都有"镜像"命令，但草图工作台的镜像是对图形的对称，而零件工作台的镜像是对实体特征的对称。单击零件工作台的"镜像"按钮之前一定要先选择要镜像的特征，即该特征要激活亮显，才能弹出对话框。

【步骤2】圆柱建模

1. 创建平面。单击"平面"按钮 ，弹出"平面定义"对话框：单击"类型"选项卡的下拉列表中"偏移平面"选项，文本框"参考"单击 xy 平面，文本框"偏移"输入38，单击"确定"按钮，创建偏移平面默认命名为"平面1"，如图2-4-35所示。

2. 圆柱草图。选择平面1,单击"定位草图"按钮，弹出"草图定位"对话框,选择"反转H"、"反转V"复选框,单击"确定"按钮,进入草图工作台。画圆 $R25$,定位尺寸45,草图如图2-4-36所示,退出草图工作台。

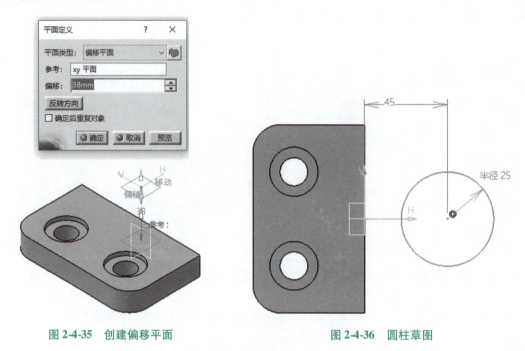

图2-4-35　创建偏移平面　　　　　　　　图2-4-36　圆柱草图

3. 圆柱建模。单击"凸台"按钮，弹出"定义凸台"对话框,长度尺寸设为34,单击"确定"按钮,完成圆柱建模。

【步骤3】连接板建模

1. 连接板草图。进入草图工作台(zx 平面),画草图,如图2-4-37所示。

2. 连接板建模。单击"凸台"按钮，弹出"定义凸台"对话框,长度尺寸设为25,勾选"镜像"选项,单击"确定"按钮,完成连接板建模,如图2-4-38所示。

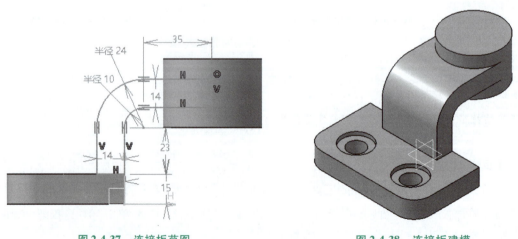

图2-4-37　连接板草图　　　　　　　　图2-4-38　连接板建模

【步骤4】 肋板建模

1. 肋板草图。进入草图工作台(zx 平面)，单击"直线"按钮 /，画草图，约束直线的端点与长方体顶点相合，约束直线另一端点与连接板圆弧相切，如图 2-4-39 所示。

2. 肋板建模。单击"加强肋"按钮，弹出"定义加强肋"对话框：文本框"厚度"输入 12，其他默认选项，单击"确定"按钮，完成肋板建模，如图 2-4-40 所示。

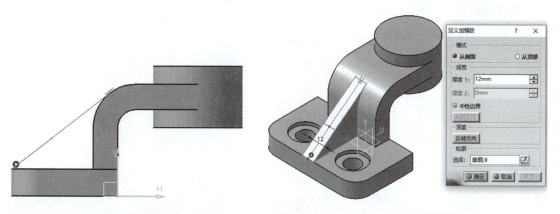

图 2-4-39　肋板草图　　　　　图 2-4-40　肋板建模

【注意】
加强肋命令的直线可以不用画足够尺寸，只要画一段，但方向约束正确，软件会自动补足肋板位置。

【步骤5】 圆柱钻孔建模

1. 圆柱钻孔。单击"孔"按钮，先选择圆边线，再选择圆柱上表面任意位置，弹出"定义孔"对话框：单击"扩展"选项卡的下拉列表中"直到最后"选项，文本框"直径"输入 25；单击"类型"选项卡下拉列表中"简单"选项，其他选项默认即可，单击"确定"按钮，完成组合体建模，如图 2-4-41 所示。

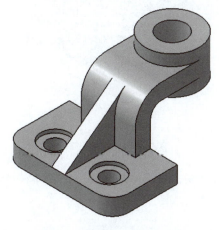

图 2-4-41　综合类组合体建模

2. 保存文件。

【小技巧】

圆柱通孔建模要在连接板建模之后,其主要原因是连接板拉伸时,通过整个圆柱体,如果先钻孔,那么孔里面就会有连接板实体部分,与零件建模不符,所以通孔建模必须在连接板建模之后。

拓展练习

1. 请按照尺寸完成组合体建模,如图 2-4-42 所示。
2. 请按照尺寸完成组合体建模,如图 2-4-43 所示。

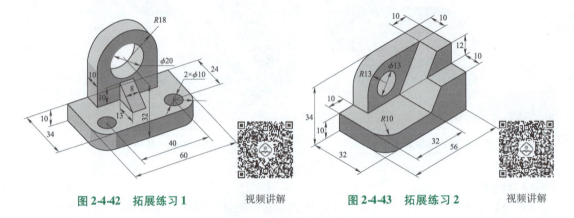

图 2-4-42 拓展练习 1　　视频讲解　　图 2-4-43 拓展练习 2　　视频讲解

3. 请按照尺寸完成组合体建模,如图 2-4-44 所示。

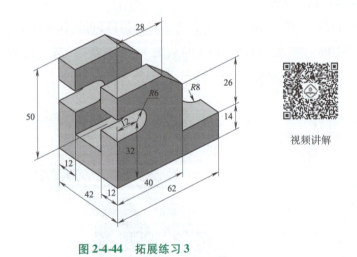

图 2-4-44 拓展练习 3

4. 请按照尺寸完成组合体建模,如图 2-4-45 所示。说明:φ54 沉头孔深 10。
5. 请按照尺寸完成组合体建模,如图 2-4-46 所示。

视频讲解

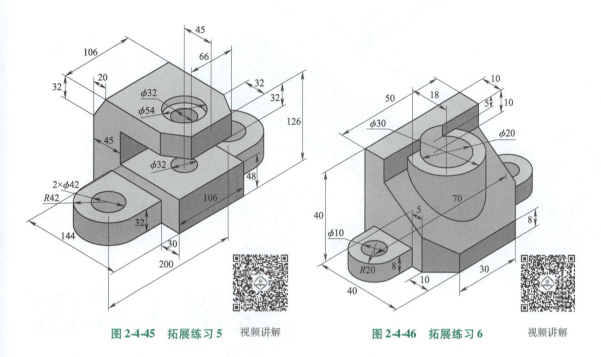

图 2-4-45　拓展练习 5　视频讲解

图 2-4-46　拓展练习 6　视频讲解

6. 请按照尺寸完成组合体建模,如图 2-4-47 所示。

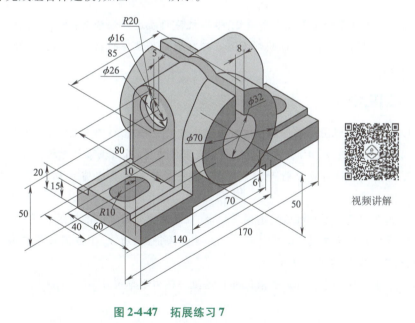

视频讲解

图 2-4-47　拓展练习 7

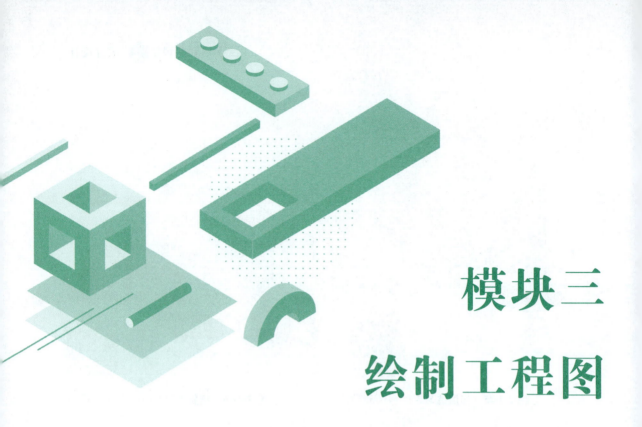

模块三

绘制工程图

CATIA 工程图模块包含三个项目,根据机件的表达方法分为:视图、剖视图、零件图。模块按照零件工程图的画法,结合机械制图国家标准规定及零件的结构、功能,讲解工程图视图、剖视图等表达方法。

学习指南

1. CATIA 工程图是依据零件建模自动生成的视图,标注尺寸时,尺寸数值也是依据建模的尺寸自动生成尺寸数字,所以,首先必须要完成零件建模,再依据零件建模完成工程图设计。

2. 工程图设计首先要打开零件建模,绘制工程图需要在窗口切换零件工作台与工程图工作台。

3. 工程图设计涉及机械制图国家标准,应注意遵守国家标准规定。

4. 零件建模已在模块二零件设计部分做详细讲解,所以,工程图模块只给出零件标注尺寸的立体图,不做零件建模的讲解。

5. 书中线性尺寸单位是毫米(mm),这里一律省略单位注写。

项目一　绘制视图

学习目标

1. 熟悉工程图设计中"正视图(主视图)""投影视图""等轴测视图(正等轴测图)""裁剪视图""辅助视图"等命令,以及修改视图属性、修改假想断裂边界线等操作。
2. 能够创建零件的六个基本视图、局部视图和斜视图等。

项目分析

工程图建模需要两个步骤:一是零件建模;二是根据零件建模创建工程图。国家标准《机械制图　图样画法视图》(GB/T 458.1—2002)规定视图分为六个基本视图、局部视图和斜视图。CATIA 工程图首先要创建主视图,在主视图基础上创建其他视图。

◎ 任务一　绘制六个基本视图

学习重点 >>>

六个基本视图

打开文件、进入工程图工作台、修改属性以及"正视图"命令、"投影视图"命令、"等轴测视图"命令。

【步骤1】**零件建模**

打开零件模型。在菜单栏单击"文件"→"打开"命令,弹出"选择文件"对话框,找到文件存储路径,将零件打开。本任务的零件建模来源于模块二项目四任务四的拓展练习2,如图3-1-1所示。

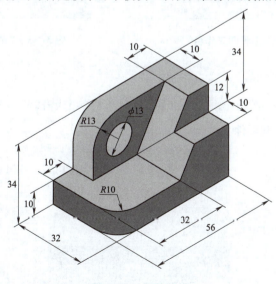

图 3-1-1　零件建模

【小技巧】

CATIA 文件打开方式有两种：

1. 在菜单栏单击"文件"→"打开"命令，找到文件存储路径，单击"打开"按钮。

2. 找到文件，单击文件并按住鼠标左键，将文件拖到桌面状态栏最小化的 CATIA 图标上，CATIA 界面随之打开，看到鼠标显示加号，松开鼠标，即可打开文件。

【步骤2】 工程图

1. 进入工程图工作台。在菜单栏单击"开始"→"机械设计"→"工程制图"命令，如图 3-1-2 所示，弹出"创建新工程图"对话框，根据零件的大小可以单击"修改"按钮，选择合适的图纸幅面，单击"确定"按钮，如图 3-1-3 所示，进入工程图工作台。

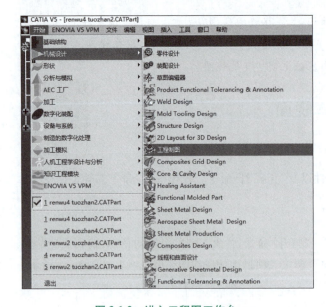

图 3-1-2　进入工程图工作台

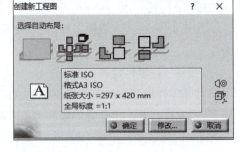

图 3-1-3　"创建新工程图"对话框

2. 创建主视图。

①单击"视图工具条"中"正视图"按钮 ，在菜单栏单击"窗口"→零件名称"Drawing 1"命令，如图 3-1-4 所示，切换到零件工作台。

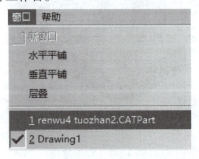

图 3-1-4　窗口切换零件工作台

②进入零件工作台，光标放在主视图投射方向的平面上，此时右下角弹出"定向预览"画面，如图 3-1-5 所示，单击合适的平面，窗口自动切换到工程图工作台。

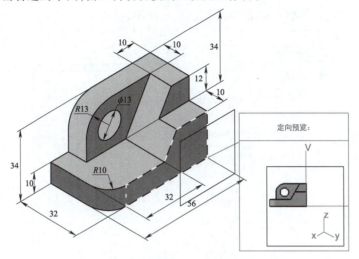

图 3-1-5　零件工作台，单击主视图投影方向平面

③主视图四周有"绿"框（绿框表示主视图位置未确定），如图 3-1-6 所示，拖动绿框放在合适位置，松开鼠标，在空白处单击，主视图位置确定，主视图四周变成"红"框（红框表示视图处于激活状态），如图 3-1-7 所示。

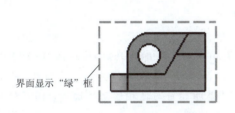

图 3-1-6　未确定位置的主视图

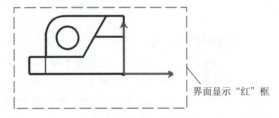

图 3-1-7　激活主视图

【小技巧】

1. 运用"正视图"命令，切换到零件工作台，可以单击零件上主视图投射方向平面，也可以单击坐标平面。

2. 主视图四周绿框时，也可以使用右上角的转盘的手柄、转盘的左、右、上、下按键或左旋、右旋按键，调整主视图投射方向，直到合适的投影图位置，转盘如图 3-1-8 所示。

图 3-1-8　转盘

3. 修改主视图属性。单击特征树中的"正视图名称"选项,右击弹出快捷菜单,单击"属性"命令,弹出"属性"对话框,在默认选项下选择"视图"选项卡中"修饰"选项区的"隐藏线""轴""中心线"复选框,不勾选"圆角"选项,单击"确定"按钮,如图3-1-9所示。

图 3-1-9　更改视图属性

【小技巧】

1. 按照国家标准规定,视图投影要画出所有可见和不可见轮廓线、回转体轴线、圆的中心线,其中,不可见轮廓线用虚线表示,"属性"对话框的"隐藏线"是指虚线,所以,要勾选"隐藏线""轴""中心线"选项。"属性"对话框中的"圆角"是指圆角与之相切面的切线。国家标准规定,相切光滑过渡,不画切线投影,所以,不要勾选圆角选项。

2. 单击特征树的"正视图",右击弹出快捷菜单,单击"属性"命令,勾选"隐藏线""轴""中心线"选项等操作,相当于同步到后面所有视图的属性中;如果主视图属性没有勾选,那么后面的视图,要分别在属性重新勾选,所以,一定要在主视图属性勾选,避免重复的操作。

4. 创建六个基本视图。

①双击(激活)主视图(激活后显示红框),双击"正视图"下拉工具条的"投影视图"按钮,将鼠标依次放在国家标准规定的俯视图、左视图、仰视图、右视图位置进行单击,得到主、俯、左、仰、右视图,如图3-1-10所示。

②双击(激活)左视图(激活后显示红框),单击"正视图"下拉工具条的"投影视图"按钮,将鼠标放在后视图位置单击,得到后视图,如图3-1-11所示。

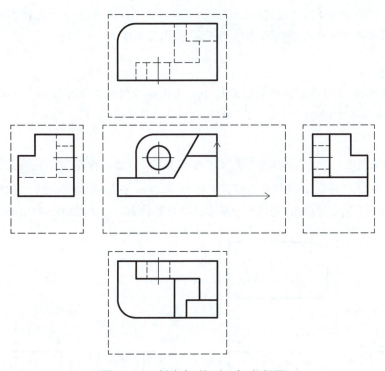

图 3-1-10　创建主、俯、左、右、仰视图

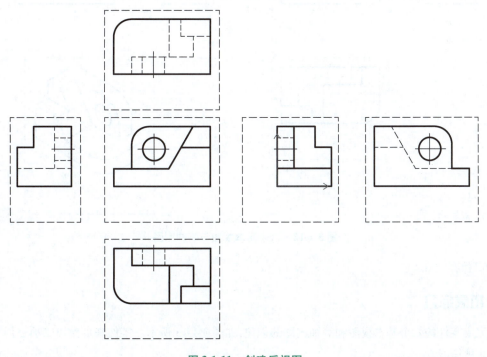

图 3-1-11　创建后视图

【注意】

工程图工作台一定要激活视图（显示红框）才能对其进行操作，初学者比较容易忽略对视图的激活。没有激活的视图是蓝色框，双击视图激活，则变为红框。

【小技巧】

双击命令按钮，可以连续进行命令操作，避免每次操作都要单击按钮。例如双击"约束"按钮，可以连续标注尺寸；双击"快速修剪"按钮，可以连续删除图线。

5. 创建等轴测图。单击"正视图" 下拉工具条的"等轴测视图"按钮 在菜单栏中单击"窗口"→"零件名称"命令，自动切换到零件工作台；单击 zx 平面，自动切换到工程图工作台，拖动轴测图绿框，放到合适位置单击，完成六个基本视图及等轴测图创建，如图 3-1-12 所示。

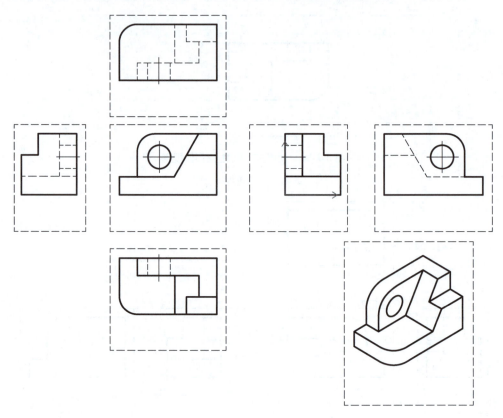

图 3-1-12　六个基本视图与等轴测图

6. 保存文件。

拓展练习

完成零件的六个基本视图和等轴测图的创建，如图 3-1-13 所示。零件来自模块二项目四任务三的拓展练习 6。

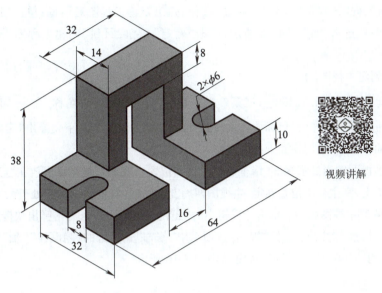

图 3-1-13　拓展练习

◎ 任务二　绘制局部视图和斜视图

学习重点 >>>

"辅助视图"命令、"裁剪视图轮廓"命令、"样条线"命令。

【步骤1】零件建模

零件形状和尺寸如图 3-1-14 所示,水平板长 100,倾斜板长 70。

局部视图和斜视图

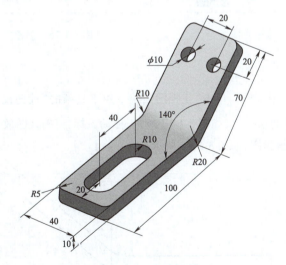

图 3-1-14　零件建模

【步骤2】工程图

1. 进入工程图工作台。在菜单栏中单击"开始"→"机械设计"→"工程制图"命令,弹出

"创建新工程图"对话框,单击"修改"按钮,弹出新建工程图对话框:单击"图纸样式"下拉列表中"A4 ISO"选项,如图 3-1-15 所示,单击"确定"按钮,回到"创建工程图"对话框,单击"确定"按钮。

2. 创建主视图。

①单击"正视图"按钮 ,在菜单栏中单击"窗口"→"零件名称"命令,切换到零件工作台。

②进入零件工作台,鼠标放在主视图投射方向的平面上,右下角弹出"定向预览"画面,单击合适的平面,窗口自动切换到工程图工作台。

③主视图四周显示绿框(绿框表示主视图位置未确定),拖动绿框放在合适位置,松开鼠标,在空白处单击,则主视图位置确定,主视图四周变成红框(红框表示视图处于激活状态)。

3. 修改主视图属性。单击特征树中的"正视图名称"选项,右击弹出快捷菜单,单击"属性"命令,弹出"属性"对话框,选择"视图"选项卡中"修饰"选项区的"隐藏线""轴""中心线"复选框,不勾选"圆角"选项,单击"确定"按钮,如图 3-1-16 所示。

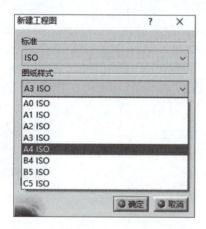

图 3-1-15　选择图幅

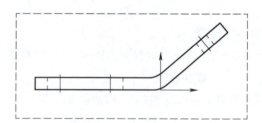

图 3-1-16　创建主视图

4. 创建斜视图。

①双击主视图(激活成红框),单击"正视图" 下拉工具条的"辅助视图"按钮 ,选择斜面的上边线一点,沿着边线再次单击,如图 3-1-17 所示,拖动鼠标,将斜视图放在合适位置,此时的斜视图是整个零件的倾斜投影图,如图 3-1-18 所示。

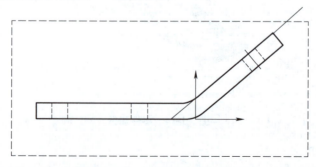

图 3-1-17　单击斜视图投影线

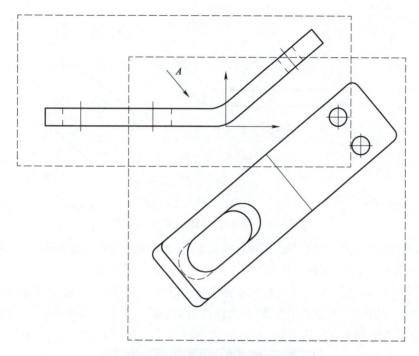

图 3-1-18　创建整个零件的斜视图

②裁剪斜视图。双击斜视图(激活成红框),单击"裁剪视图" 下拉工具条的"裁剪视图轮廓"按钮 ,用鼠标在斜视图上要创建的斜视图的周围,连续单击出封闭轮廓,如图 3-1-19 所示,完成斜视图如图 3-1-20 所示。

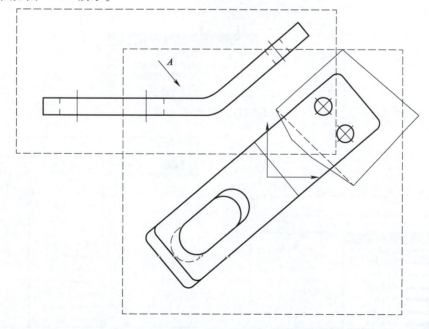

图 3-1-19　将整个零件的斜视图裁剪出需要的斜视图

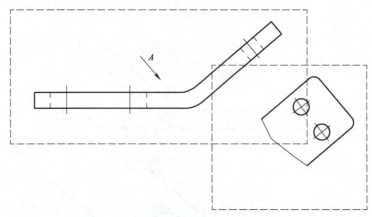

图 3-1-20　将裁剪斜视图放在合适位置

5. 修改斜视图假想断裂轮廓线。国家标准规定：假想断裂线用波浪线表示。

①双击斜视图（激活成红框），选择斜视图断裂线，按【Delete】键删除。

②在菜单栏中单击"插入"→"几何图形创建"→"曲线"→"样条线"命令，如图 3-1-21 所示；然后，在绘图区上方的"图形属性工具条"中选择："线宽"为"1：细实线 0.13 mm"，"线型"为"细实线 1"，如图 3-1-22 和图 3-1-23 所示。

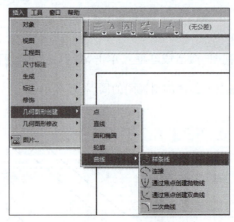

图 3-1-21　"样条线"命令

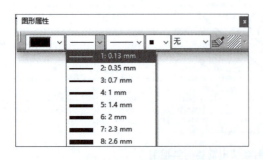

图 3-1-22　选择线宽

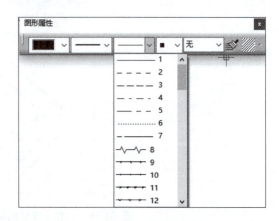

图 3-1-23　选择线型

③在斜视图中画出样条线,双击完成,如图 3-1-24 所示。

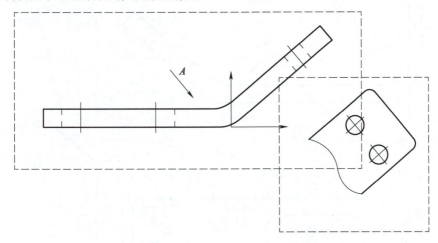

图 3-1-24　画出斜视图的断裂波浪线

6. 创建俯视图。双击主视图(激活成红框),单击"正视图" 下拉工具条的"投影视图"按钮 ,将鼠标放在俯视图位置单击,画出俯视图,如图 3-1-25 所示。

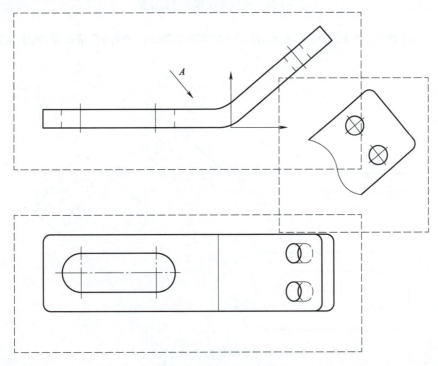

图 3-1-25　创建俯视图

7. 创建局部视图。双击俯视图(激活成红框),单击"裁剪视图" 下拉工具条的"裁剪视图轮廓"按钮 ,将鼠标在主视图上要创建的局部视图的周围连续单击出的封闭轮廓,如图 3-1-26 所示,创建局部视图。

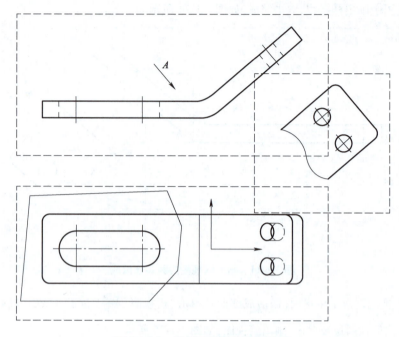

图 3-1-26　裁剪要保留的局部视图

8. 修改局部视图假想断裂线。激活局部视图,方法如第 5 步操作,完成局部视图,如图 3-1-27 所示。

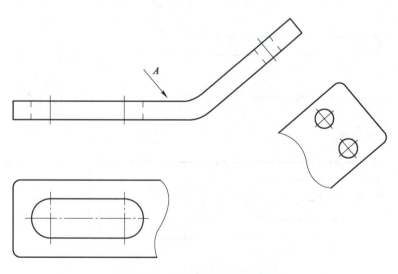

图 3-1-27　创建局部视图、斜视图

9. 整理图形。国家标准规定:圆的中心线要与零件轮廓垂直。如图 3-1-26 所示,小圆的中心线画法不符合国标。①修改斜视图小圆中心线。双击激活斜视图,单击小圆中心线,按【Delete】键删除不符合国标的中心线;单击"中心线" ⊕ 下拉工具条的"具有参考的中心线"按钮 ⊗ ,选择小圆后再选择斜视图轮廓边线,完成小圆中心线的修改。

②为了使图面清晰,应隐藏图框。在特征树中单击"视图名称",右击弹出快捷菜单,单击"属性"命令,弹出"属性"对话框:在"视图"选项卡中"可视化和操作选项区"不勾选"显示视图框架"选项,单击"确定"按钮,隐藏视图框架。

10. 保存文件。

项目二　绘制剖视图

学习目标

1. 熟悉工程图的"偏移剖视图"和"剖面视图"、"样条线"等命令调整视图方向、视图定位及对齐等操作。
2. 能够创建零件的全视图、半剖视图、局部剖视图等。

项目分析

剖视图是为了使零件内部不可见的结构可见而假想地剖开零件。国家标准规定剖视图分为全剖视图、半剖视图和局部剖视图。全剖视图一般用来表达外形简单、不对称的零件;半剖视图用来表达外形较复杂、对称的零件;局部剖视图一般用来表达外形较复杂、不对称的零件。

◎ 任务一　绘制全剖视图和半剖视图

学习重点 >>>

学习"偏移剖视图"命令、视图的定位与对齐。

【步骤1】零件建模

绘制全剖视图和半剖视图

打开零件模型,单击菜单栏"文件"中"打开"命令,弹出"选择文件"对话框,找到文件存储路径将零件打开。在任务的零件建模,如图3-2-1 所示。

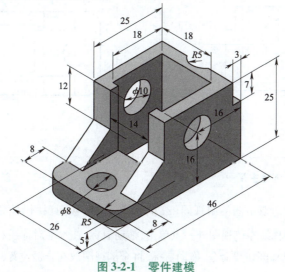

图 3-2-1　零件建模

【步骤2】工程图

1. 进入工程图工作台。在菜单栏中单击"开始"→"机械设计"→"工程制图"命令,弹出"创建新工程图"对话框,单击"修改"按钮,弹出"新建工程图"对话框,"图纸样式"选择"A4 ISO",单击"确定"按钮,回到"创建工程图"对话框,单击"确定"按钮。

2. 创建主视图并修改属性。

①单击"正视图"按钮 ,单击菜单栏中"窗口"→"零件名称"命令,切换到零件工作台;

②进入零件工作台,光标放在主视图投射方向的平面,右下角弹出"定向预览"画面,单击合适的平面,窗口自动切换到工程图工作台;

③主视图四周有绿框(绿框表示主视图位置未确定),拖动绿框放在合适位置,松开鼠标,在空白处单击,主视图位置确定;主视图四周变成红框(红框表示视图处于激活状态)。

④修改主视图属性。单击特征树中的"正视图名称"选项,右击弹出快捷菜单,单击"属性"命令,弹出"属性"对话框,选择"视图"选项卡中"修饰"选项区的"隐藏线"、"轴"、"中心线"复选框,不勾选"圆角"选项,单击"确定"按钮,完成主视图,如图3-2-2所示。

3. 创建俯视图。激活主视图(红框),单击"投影视图"按钮 ,鼠标放在俯视图位置单击,完成俯视图,如图3-2-3所示。

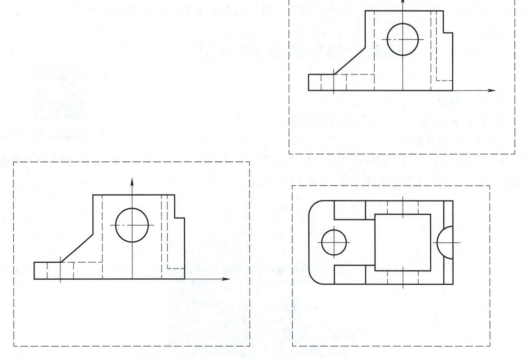

图 3-2-2　创建主视图　　　　　　　　图 3-2-3　创建俯视图

4. 创建全剖主视图。双击激活俯视图(红框),单击"偏移剖视图"按钮 ,在俯视图对称线画出剖切位置:在水平对称线左侧视图外一点单击,拖动鼠标,在水平对称线右侧视图外一点单击,如图3-2-4所示;双击,结束画剖切线命令,拖动鼠标,将全剖视图放在合适位置,如图3-2-5所示。

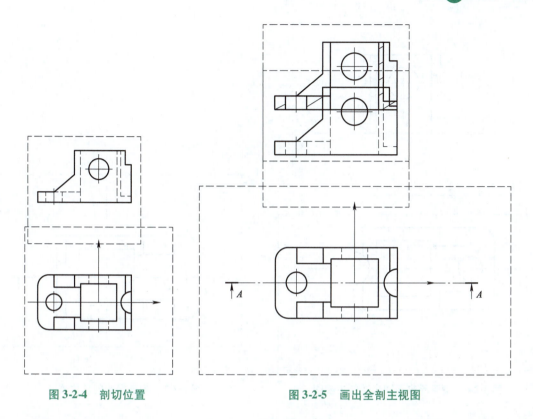

图 3-2-4　剖切位置　　　　　　　图 3-2-5　画出全剖主视图

5. 删除原来的主视图。右击特征树中"正视图"选项,在弹出的快捷菜单中单击"删除"选项,删除"2"创建的主视图。

> 【注意】
> 1. 为了使零件全部剖开,剖切位置一定要在视图轮廓之外单击;
> 2. "2"的主视图是用来投影俯视图的,通过俯视图绘出全剖的主视图。有了全剖的主视图,就可以删除"2"的主视图。

6. 修改剖视图属性。右击特征树中"剖视图 A-A"选项,弹出快捷菜单,单击"属性"选项,弹出属性对话框,不勾选"隐藏线"选项,完成主视图全剖视图创建,如图 3-2-6 所示。

> 【注意】
> 剖视图是为了将内部不可见的虚线变成实线而假想的将机件剖开,因此,剖视图一般不画虚线,除非不画虚线结构表达不清晰,则在剖视图中画虚线。一般地,要在剖视图的"属性"对话框中不勾选"隐藏线"选项。

7. 创建半剖左视图。双击激活俯视图,单击"偏移剖视图"按钮,按照图 3-2-7 所示Ⅰ→Ⅱ→Ⅲ→Ⅳ顺序选择位置剖切俯视图:在俯视图左上方,超出图形轮廓外的点Ⅰ单击;竖直拖动鼠标,到左侧水平对称线轮廓外点Ⅱ单击;水平拖动鼠标,到图形的坐标原点Ⅲ位置单击;竖直拖动鼠标,沿着孔轴线,到轮廓外的一点单击,画出剖切位置线;双击鼠标左键,结束剖切位置;拖动鼠标,将半剖视图放在俯视图右侧,如图 3-2-8 所示。

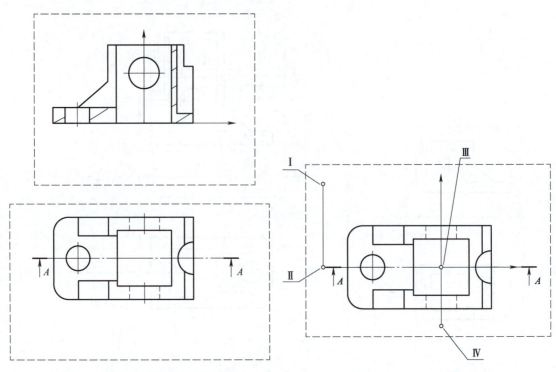

图 3-2-6　删除原来视图表达的主视图　　　图 3-2-7　半剖视图剖切位置

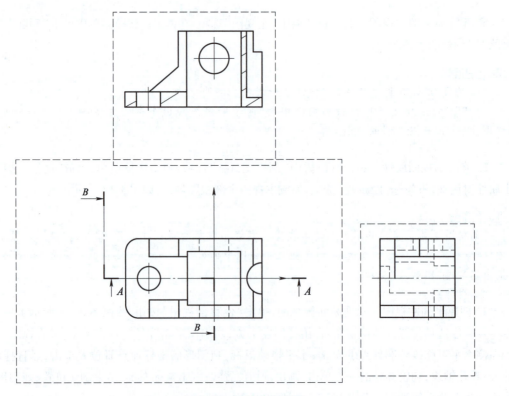

图 3-2-8　画出半剖视图

【注意】

（1）左视图半剖只能激活俯视图，而不能激活主视图作半剖，其原因是主视图无法显示零件前后对称位置，而俯视图以对称线分界，可以清晰画出剖开与未剖开的剖切位置线。

（2）剖切起始位置一定要超出视图轮廓外侧，确保投影和剖开完整零件。

8. 修改半剖视图属性。右击特征树中"剖视图 B-B"选项，弹出快捷菜单，单击"属性"选项，弹出"属性"对话框；不勾选"隐藏线"选项，修改后的工程图如图 3-2-9 所示。

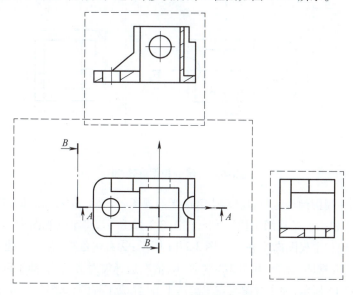

图 3-2-9　隐藏半剖视图的虚线

9. 调整半剖左视图方向。按照国标规定的投射方向，半剖左视图要在主视图右侧，与主视图高平齐。右击特征树中"剖视图 B-B"选项，弹出快捷菜单，单击"属性"选项，弹出"属性"对话框：单击"视图"选项卡，在"比例和方向"选项区文本框"角度"输入 90，如图 3-2-10 所示，单击"确定"按钮，将剖视图旋转角度，如图 3-2-11 所示。

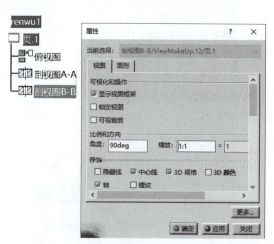

图 3-2-10　属性对话框修改视图旋转角度

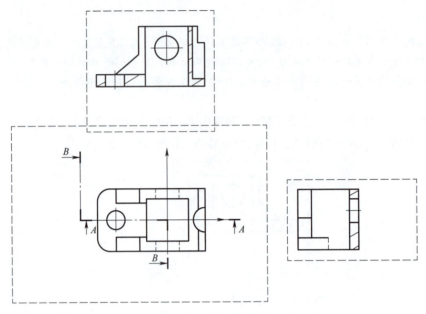

图 3-2-11 半剖视图旋转 90°

10. 移动半剖左视图到规定位置。双击激活半剖视图(红框),①右击红框,弹出快捷菜单,单击"视图定位"、"不根据参考视图定位"命令,如图 3-2-12 所示,将半剖视图拖到主视图右侧位置(此位置并没有达到与主视图高平齐),如图 3-2-13 所示;②右击红框,弹出快捷菜单,单击"视图定位""使用元素对齐视图"命令,如图 3-2-14 所示,依次选择需对齐的线,即半剖视图水平轴和主视图底边,如图 3-2-15 所示,使主视图与左视图高平齐,完成工程图,如图 3-2-16 所示。

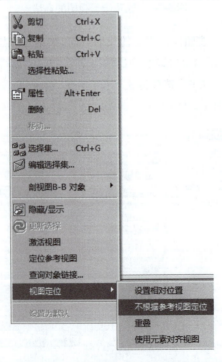

图 3-2-12 "视图定位"级联菜单中"不根据参考视图定位"命令

11. 整理图形,添加左视图对称线(点画线)。
12. 保存文件。

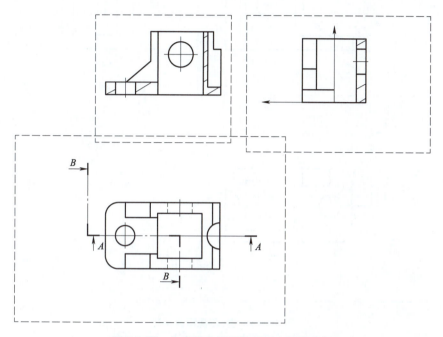

图 3-2-13　将半剖左视图拖放到主视图右侧

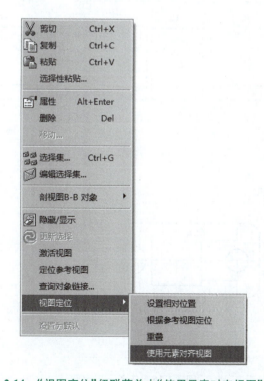

图 3-2-14　"视图定位"级联菜单中"使用元素对齐视图"命令

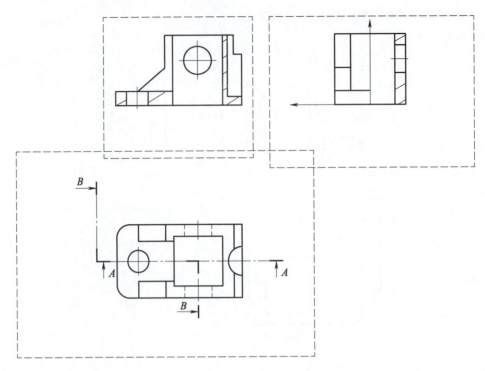

图 3-2-15　主、左视图高平齐

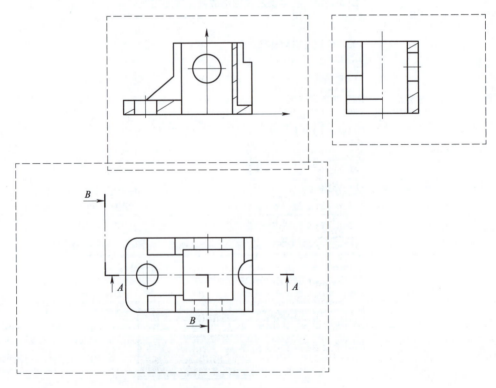

图 3-2-16　任务一工程图

拓展练习

请按照图 3-2-17 所示零件尺寸建模,并绘出零件的工程图,要求主视图为半剖视图,左视图为全剖视图。说明:底面 φ14(不是前面的外圆柱 φ14)是从底板向上钻孔,与 φ8 圆柱孔同心,高度 20;φ8 孔深 4。

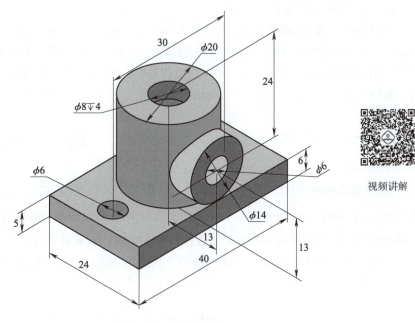

图 3-2-17　拓展练习 1

◎ 任务二　绘制局部剖视图

学习重点 >>>

"剖面视图"命令。

【步骤1】零件建模

打开零件模型,在菜单栏中单击"文件"→"打开"命令,在弹出的"选择文件"对话框中找到文件存储路径将零件打开。任务二的零件建模,如图 3-2-18 所示,其中,内部空腔的尺寸是长 26、宽 16、高 16。

【步骤2】工程图

1. 进入工程图工作台。在菜单栏中单击"开始"→"机械设计"→"工程制图"命令,弹出"创建新工程图"对话框,单击"修改"按钮,弹出"新建工程图"对话框:

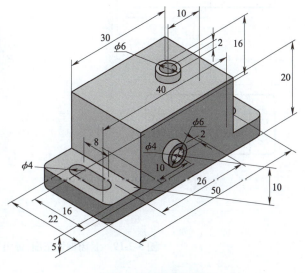

图 3-2-18　零件建模

"图纸样式"选择"A4 ISO",单击"确定"按钮,回到"创建工程图"对话框,单击"确定"按钮。

2. 创建主视图并修改属性。

①单击"正视图"按钮,单击"窗口",在下拉列表中单击"零件名称"命令,切换到零件工作台;

②进入零件工作台,光标放在主视图投射方向的平面,右下角弹出"定向预览"画面,单击合适的平面,窗口自动切换到工程图工作台;

③主视图四周有绿框(绿框表示主视图位置未确定),拖动绿框放在合适位置,松开鼠标,在空白处单击,主视图位置确定,此时主视图四周变成红框(红框表示视图处于激活状态)。

④修改主视图的属性。右击特征树中"正视图"选项,弹出快捷菜单,单击"属性"选项,弹出"属性"对话框,选择"隐藏线"、"轴"、"中心线"复选框,不勾选"圆角"选项,单击"确定"按钮,完成主视图。

3. 创建俯视图。激活主视图(红框),单击"投影视图"按钮,光标放在俯视图位置单击则完成俯视图创建。

4. 创建主视图的局部剖视图。单击"视图工具条"中"局部视图"下拉工具条的"剖面视图"按钮,双击激活主视图(红框),在主视图上连续单击,画出要剖切局部剖范围的封闭轮廓,弹出"3D 查看器"对话框,用鼠标旋转功能旋转三维模型的方向,观察零件上显示的剖切平面位置与零件顶面凸台前后的对称面是否一致,如图 3-2-19 所示,单击"确定"按钮,完成创建主视图的局部剖视图,如图 3-2-20 所示。

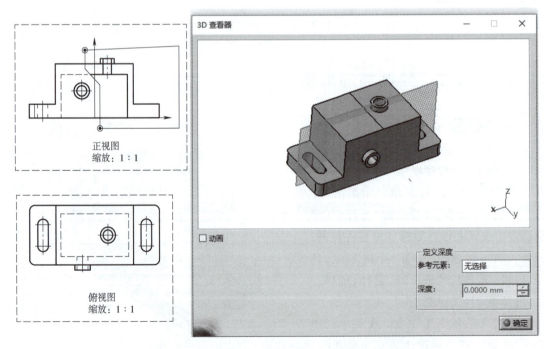

图 3-2-19　封闭剖切范围,弹出"3D 查看器"对话框

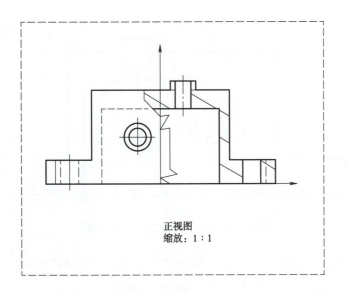

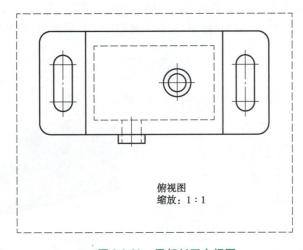

图 3-2-20　局部剖开主视图

> 【注意】
> 由于语言翻译的差异,局部剖视图在 CATIA 中的命令按钮是"剖面视图"、局部视图在 CATIA 中的命令按钮是"裁剪视图"、假想断裂简化画法在 CATIA 中的命令按钮是"局部视图"、断面图在 CATIA 中的命令按钮是"偏移截面分割"。

5. 修改局部剖主视图属性。右击特征树中"正视图"选项,弹出快捷菜单,单击"属性"选项,弹出"属性"对话框:不勾选"隐藏线"和"圆角"选项,完成主视图局剖视图属性的修改。

6. 修改主视图的局部剖视图的假想断裂轮廓线。双击激活主视图(红框),单击局部剖视图断裂线,按【Delete】键删除断裂线;单击菜单栏中的"插入"→"几何图形创建"→"曲线"→"样条线"命令。然后在"图形属性工具条"中选择:"线宽"为"1 细实线 0.13 mm","线型"为"1 细实线",在局部剖视图中画出样条线,如图 3-2-21 所示。

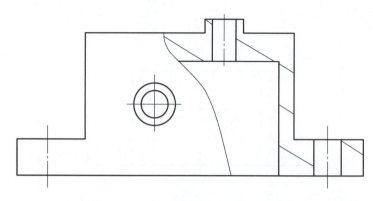

图 3-2-21　主视图局部剖的假想断裂线

7. 创建俯视图的局部剖视图。单击"局部视图"下拉工具条的"剖面视图"按钮，双击激活俯视图（红框），在俯视图上连续单击，画出要剖切局部剖范围的封闭轮廓，弹出"3D 查看器"，用鼠标旋转功能旋转三维模型的方向，观察零件上显示的剖切平面位置是否与前面凸台上下对称面的一致，如图 3-2-22 所示，单击"确定"按钮，创建俯视图的局部剖视图，如图 3-2-23 所示。

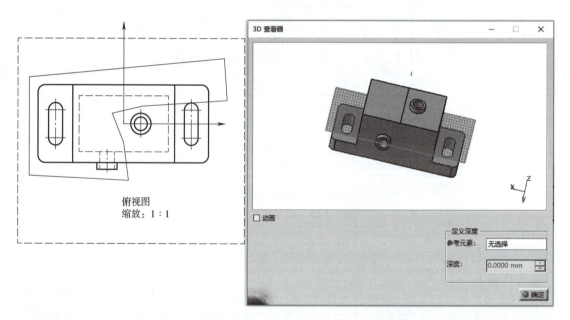

图 3-2-22　封闭俯视图局部剖切范围，弹出 3D 查看器对话框

8. 修改局部剖俯视图属性。右击特征树中"俯视图"选项，弹出快捷菜单，单击"属性"选项，弹出"属性"对话框，不勾选"隐藏线"和"圆角"选项，完成俯视图局部剖视图属性修改。

9. 修改主视图的局部剖视图的假想断裂轮廓线。双击激活俯视图（红框），单击局部剖视图断裂线，按【Delete】键删除不符合国标的断裂线；单击菜单栏中的"插入"→"几何图形创建"→"曲线"→"样条线"命令。然后在"图形属性工具条"中选择："线宽"为"1 细实线 0.13 mm"，"线型"为"1 细实线"，在局部剖视图中画出样条线，为完成工程图创建，如图 3-2-24 所示。

模块 三　绘制工程图

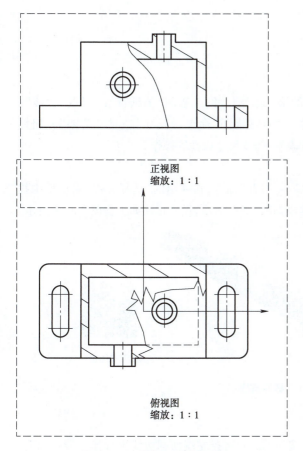

图 3-2-23　局部剖开俯视图

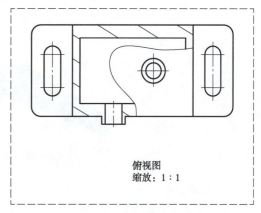

图 3-2-24　任务二工程图

10. 保存文件。

项目三　绘制零件图

学习目标

1. 熟悉工程图的"局部视图"、"偏移截面分割"、"断面视图"、"尺寸"、"尺寸公差"、"几何公差"、"粗糙度符号"、"文本"等命令。
2. 能够创建零件的局部剖视图、局部放大图、移出断面图等。
3. 能够创建图纸边框和标题栏。

项目分析

轴类零件一般用来支承传动零件并传递动力,因此轴上常有键槽、螺纹、退刀槽、倒角等结构。轴类零件常用局部剖视图、局部视图、断面图、局部放大图和假想断裂画法等表达方法绘制工程图。

99

◎ 任务 绘制轴类零件图

学习重点 >>>

零件建模的"螺纹孔"命令和"凹槽"命令的第二限制尺寸;工程图"图纸背景"、"点"、"线"、"插入 CSV 表格"、"局部视图"、"偏移截面分割"、"详细视图"命令、"尺寸"、"尺寸公差"、"粗糙度符号"、"几何公差"、"文本"等命令以及修改表格、修改尺寸属性等操作。

【步骤1】 零件建模

1. 打开零件模型。在菜单栏中单击"文件"→"打开"命令,在弹出的"选择文件"对话框中找到文件存储路径将零件打开。任务一的零件建模如图 3-3-1 所示,尺寸标注如工程图 3-3-51 所示。

图 3-3-1 零件建模

2. 建模要点。

(1)左右两端轴上螺纹孔建模。单击"孔"按钮 ,先选择左端面圆边线再选择左端圆端面,弹出"定义孔"对话框;在"定义螺纹"选项卡中勾选"螺纹孔"选项;"类型"下拉列表中单击"公制粗牙螺纹"选项;"螺纹描述"下拉列表中单击"M6"选项;"螺纹深度"文本框输入 20;"孔深度"文本框输入 23,如图 3-3-2 所示;在"扩展"选项卡中单击"盲孔"选项;"底部"选项区中单击"V 形底"选项,其他为默认选项,如图 3-3-3 所示。同理,创建右端面孔。

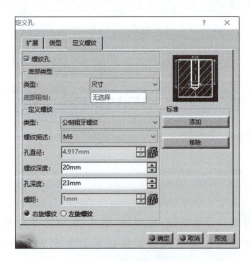

图 3-3-2 "定义螺纹"选项卡

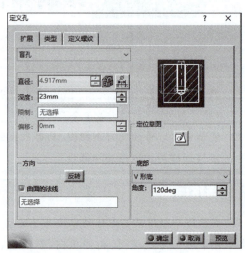

图 3-3-3 "扩展"选项卡

(2)左端键槽建模。①单击 xy 平面,单击"定位草图"按钮 ,弹出"草图定位"对话框,选择"反转 H、反转 V"复选框,进入草图工作台;②单击"矩形" 下拉工具条的"延长孔"按钮 ,画草图,退出草图工作台,如图 3-3-4 所示;③单击"凹槽"按钮 ,弹出"定义凹槽"对话框:单击"第一限制"选项区的"类型"下拉列表中"尺寸"选项,"深度"文本框输入 18(尺寸数值超出半径 14 即可);单击"第二限制"选项区的"类型"下拉列表中"尺寸"选项,"深度"文本框输入"-10",如图 3-3-5 所示。

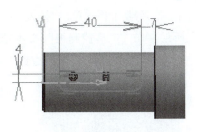

图 3-3-4　键槽草图

(3)右端键槽建模。草图画法同左端槽草图画法。完成草图后,单击"凹槽"按钮 ,弹出"定义凹槽"对话框:单击"第一限制"选项区的"类型"下拉列表中"尺寸"选项,"深度"文本框输入"18"(尺寸数值超出半径 12.5 即可);单击"第二限制"选项区的"类型"下拉列表中"尺寸"选项,"深度"文本框输入"-9",如图 3-3-6 所示。选择刚创建的键槽特征单击"镜像"按钮 ,弹出"定义镜像"对话框:"镜像元素"选择 xy 平面,完成右端上下两个键槽的创建。

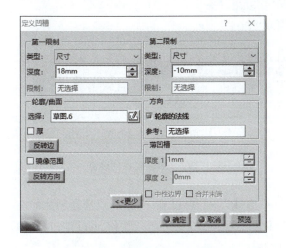

图 3-3-5　左端键槽凹槽参数设置

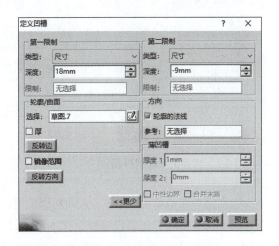

图 3-3-6　右端键槽凹槽参数设置

【步骤2】 工程图

1. 进入工程图工作台。在菜单栏中单击"开始"→"机械设计"→"工程制图"命令,弹出"创建新工程图"对话框,单击"修改"按钮,弹出"新建工程图"对话框:"图纸样式"选择"A3 ISO",单击"确定"按钮,回到"创建工程图"对话框,单击"确定"按钮。

2. 创建图纸边框和标题栏。

(1)进入图纸背景界面。A3 图纸的图幅是 297×420,国家标准规定:装订边在图纸左侧,装订边留 25 画图框,A3 图纸另外三边留 5 画图框。单击菜单栏中"编辑"→"图纸背景"命令,如图 3-3-7 所示,进入图纸背景(灰白色)界面。

(2)创建边框。

①在菜单栏中单击"插入"→"几何图形创建"→"点"→"使用坐标创建点"命令,如图 3-3-8 所示,弹出"工具控制板":文本框"H"输入 25,按【Enter】键;文本框"V"输入 5,按【Enter】键,如图 3-3-9 所示,画出左下角边框顶点;

边框和标题栏的画法

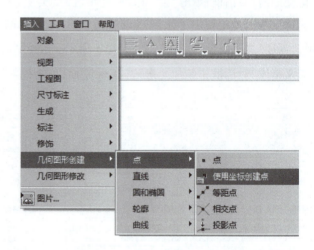

图 3-3-7　切换图纸背景界面　　　　　　　图 3-3-8　"插入"级联菜单创建点

②在菜单栏中单击"插入"→"几何图形创建"→"直线"→"直线"命令,第一点选择创建的左下角边框顶点,弹出"工具控制板":文本框"长度"输入 287（=297-5-5）,按【Enter】键;角度输入 90,按【Enter】键,如图 3-3-10 所示,画出边框左侧竖线;

图 3-3-9　点的"工具控制板"　　　　　　　图 3-3-10　创建左侧竖线

③同理,画出边框上边线:长度 390,角度 0;

④画出右侧边:长度 287,角度 270;

⑤画出底边:连接左右边线下端两点,完成图纸边框创建,如图 3-3-11 所示。

(3)创建零件图标题栏。

①先在 Excel 中创建标题栏,保存为 .csv 格式,如图 3-3-12 所示;

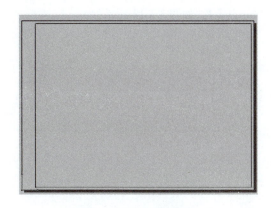

图 3-3-11 创建图纸边框

图 3-3-12 创建 Excel 表并保存为 .csv 格式

②在图纸背景界面,在菜单栏中单击"插入"→"标注"→"表"→"从 CSV 创建表"命令,如图 3-3-13 所示;

③插入到图纸背景的表格可以移动位置,行列尺寸可编辑、可合并,如图 3-3-14 所示;

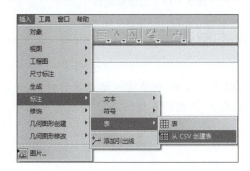

图 3-3-13 插入 Excel 表

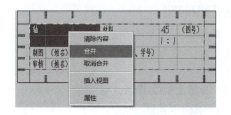

图 3-3-14 编辑表格

④双击表格里的汉字,可重新编辑;

⑤双击表格,表格行列边线外侧出现可编辑的粗短线,拖动粗短线时显示数字,如图 3-3-15 所示;按照标题栏格式尺寸,调整标题栏行列尺寸;

⑥双击表格,选中单元格右击,在弹出的快捷菜单中单击"属性"命令,如图 3-3-16 所示,弹出"属性"对话框,单击"文本"选项卡,在"定位"选项区的"定位点"下拉列表中单击"中间居中"选项,"对齐"下拉列表中单击"居中"选项,可以对单元格的文字对齐方式等进行编辑,如图 3-3-17 所示;

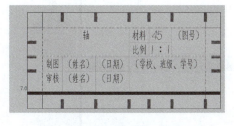

图 3-3-15 编辑标题栏尺寸

图 3-3-16 单元格属性

⑦按住【Shift】键,拖动标题栏,将标题栏放到图框的右下角,如图3-3-18所示;

图 3-3-17　单元格文本对齐

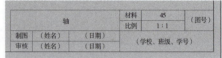

图 3-3-18　创建标题栏

⑧单击菜单栏中"编辑"→"工作视图"命令,回到工程图工作台界面。

【小技巧】

标题栏创建完成后,可以保存为模板,下次画图直接打开,既节省画标题栏的时间,又提高画图速度。在企业,设计工程图都有标准的标题栏模板,画图时直接打开,另存文件名即可。

3. 创建主视图并修改属性。

(1)创建主视图。

①单击"正视图"按钮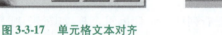,单击"窗口"菜单中的零件名称命令,切换到零件工作台;单击 zx 平面,回到工程图工作台,此时,零件轴线竖直,如图3-3-19所示;

②鼠标按住右上角转盘的手柄,逆时针旋转90°,零件轴线调整为水平放置,如图3-3-20所示;

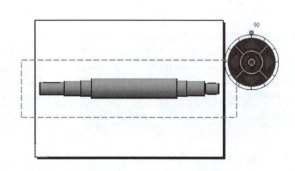

图 3-3-19　主视图轴线竖直　　　图 3-3-20　旋转转盘手柄,调整主视图轴线水平放置

③拖动主视图(绿框)到合适位置,在空白处单击,主视图位置确定。

(2)更改主视图属性。

右击特征树中"正视图"选项,单击"属性"命令,弹出"属性"对话框,在"修饰"选项区选择"隐藏线"、"轴"、"中心线"、"螺纹"复选框,不勾选"圆角"选项,完成修改主视图属性,完成主视图,如图3-3-21所示。

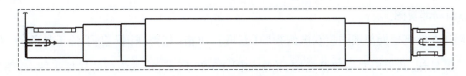

图3-3-21　修改主视图属性

4. 主视图假想断裂画法。

(1)零件假想断裂。

①单击"局部视图"按钮,选择中间较长轴段的轴线上左侧的一点,确定断裂位置后单击鼠标,再单击一次,确定断裂方向,拖动鼠标,到右侧断裂位置,单击,两条"绿线"之间的轴段为假想断裂轴段,如图3-3-22所示,空白处单击,得到假想断裂后的主视图,如图3-3-23所示;

②拖动主视图(红框)到合适位置。

(2)修改断裂线。

将断裂处改为波浪线,如图3-3-24所示。

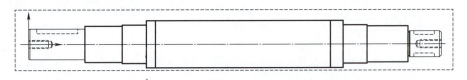

图3-3-22　确定断裂位置

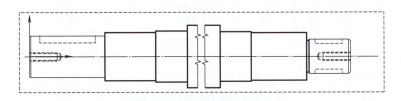

图3-3-23　假想断裂画法

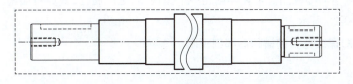

图3-3-24　画波浪线

5. 创建键槽局部视图。

(1) 画俯视图。

①创建俯视图。双击激活主视图(红框),单击"正视图" 下拉工具条的"投影视图"按钮 ,在主视图下方合适位置单击,创建俯视图;

②修改俯视图属性。右击特征树中"俯视图"选项,弹出快捷菜单,单击"属性"选项,弹出属性对话框:不勾选"隐藏线"选项。

(2) 画局部视图。

①创建左端键槽局部视图。双击俯视图(红框),单击"裁剪视图" 下拉工具条的"裁剪视图轮廓" 按钮,裁剪出左端键槽轮廓,轮廓如图 3-3-25 所示;完成裁剪的局部视图,如图 3-3-26 所示;删除裁剪轮廓的点画线;拖动局部视图到主视图上方,将局部视图与主视图进行视图定位,确保长对正,如图 3-3-27 所示;

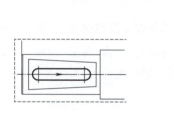

图 3-3-25　裁剪局部视图轮廓

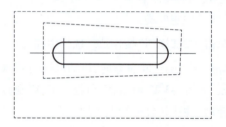

图 3-3-26　局部视图

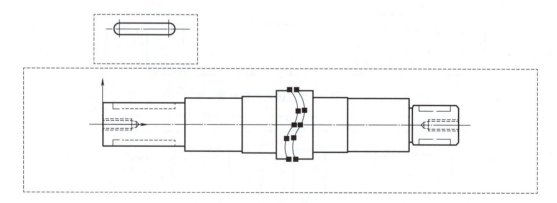

图 3-3-27　创建左端键槽局部视图

②创建右端键槽局部视图。重新再创建一个俯视图,更改属性,裁剪右端键槽,完成两端键槽局部视图,如图 3-3-28 所示。

6. 创建主视图螺纹孔和键槽的局部剖视图。

【注意】

由于 CATIA 在同一个视图上画假想断裂操作的局部视图按钮与画局部剖的断面视图按钮不兼容,所以需要再创建一个主视图。

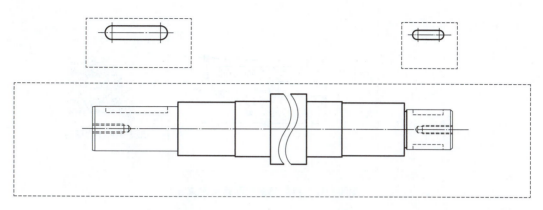

图 3-3-28　创建右端键槽局部视图

（1）创建主视图，如图 3-3-29 所示。

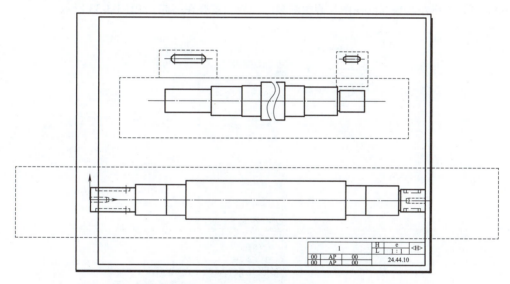

图 3-3-29　再创建一个主视图

（2）创建左端螺纹孔和键槽局部剖视图。

①右击特征树中新创建的"正视图"选项，弹出快捷菜单，单击"属性"选项，弹出"属性"对话框，不勾选"隐藏线"选项；创建左端局部视图，如图 3-3-30 所示；

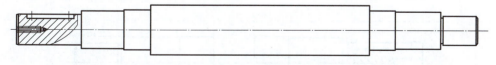

图 3-3-30　主视图左端键槽和螺孔的局部剖

②单击"裁剪视图" 下拉工具条的"裁剪视图轮廓" 按钮，将局部剖视图裁剪出来（如果裁剪后，轮廓线缺少，单击菜单栏中"插入"→"几何图形创建"→"直线"命令，画完整轮廓），如图 3-3-31 所示；

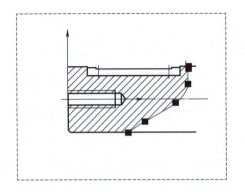

轴类零件工程图的创建

图 3-3-31　将局部剖视图裁剪出来

③双击激活假想断裂的主视图（图 3-3-28），删除左右两端倒角竖线；双击激活裁剪出的局部剖的裁剪视图（"红"框，图 3-3-32 浅色），右击，弹出快捷菜单，单击"视图定位"→"重叠"命令，如图 3-3-32 所示，将左端局部剖视图与假想断裂的主视图重叠在一起，如图 3-3-33 所示。

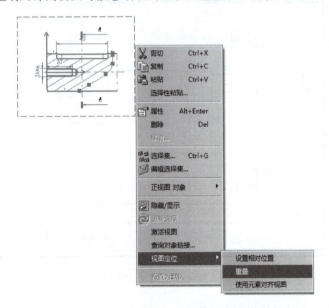

图 3-3-32　局部剖视图的视图定位级联菜单

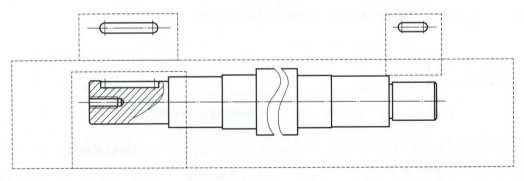

图 3-3-33　视图重叠

④创建右端螺纹孔和键槽局部剖视图。再创建一个主视图,重复上面①②③操作,也可以用"使用元素对齐视图"命令,使右端两视图重合在一起,如图 3-3-34 所示。

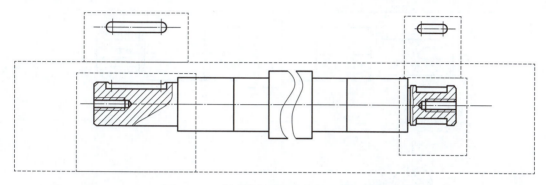

图 3-3-34　创建主视图左右两端局部剖视图

7. 创建移出断面图。

【注意】

由于 CATIA 在同一个视图上画假想断裂操作的局部视图按钮与画移出断面图的偏移截面分割按钮不兼容,所以要激活画局部剖的第二个创建的主视图,创建左端键槽移出断面图。

(1)创建左端键槽移出断面图。

①双击特征树中第二个主视图名称的选项,单击"偏移剖视图" 下拉工具条的"偏移截面分割"按钮 ,在左端键槽上方一点单击,拖动鼠标在下方轮廓外一点单击,拖动鼠标将移出断面图放在合适位置,如图 3-3-35 所示;

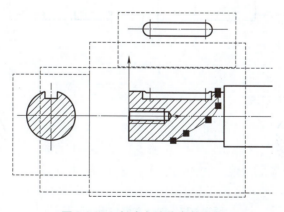

图 3-3-35　创建左端移出断面图

②双击激活移出断面图,右击,弹出快捷菜单,单击"视图定位"→"不根据参考视图定位"命令,将移出断面图拖动到主视图下方;

③右击移出断面图,弹出快捷菜单,单击"视图定位"→"使用元素对齐视图"命令,将移出断面图的竖直轴与主视图剖切位置线对齐,如图 3-3-36 所示。

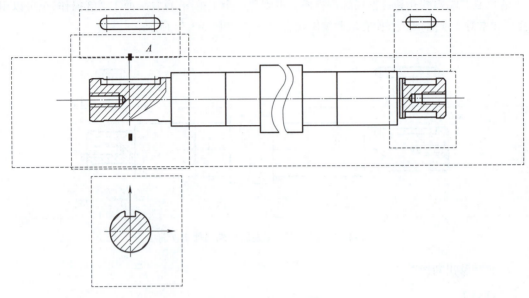

图 3-3-36　创建左端移出断面图

(2)同理,创建右端键槽移出断面图如图 3-3-37 所示。

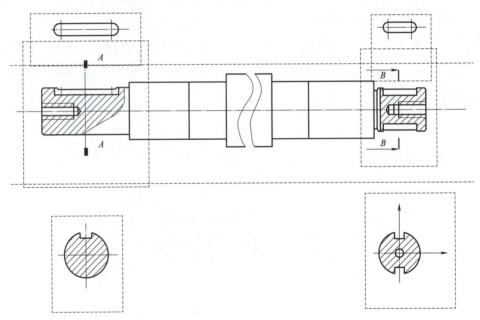

图 3-3-37　创建右端移出断面图

8. 创建局部放大图。双击特征树第一个主视图名称的选项,单击"详细视图"按钮 ，在退刀槽位置一点单击,拖动鼠标,画出局部放大图范围的细实线圆,单击,确定局部放大图的范围,如图 3-3-38 所示;拖动鼠标,将局部放大图放在合适位置;更改局部放大图假想断裂线为波浪线,完成轴的全部视图绘制,如图 3-3-39 所示。

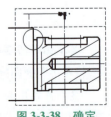

图 3-3-38　确定局部放大图范围

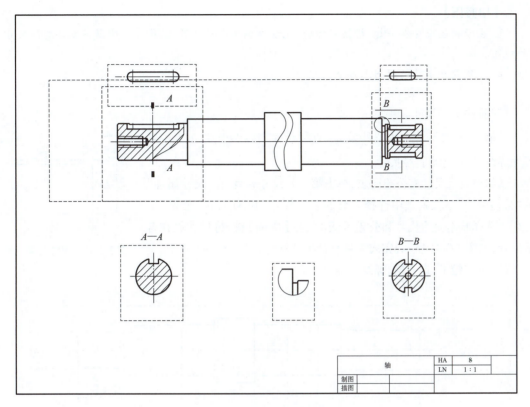

图 3-3-39　创建零件的视图表达

9. 标注尺寸。

（1）标注长方向尺寸。

①右击特征树中第二个主视图名称的选项，弹出快捷菜单，单击"隐藏"命令；

②同理，隐藏第三个主视图；

③双击激活第一个主视图（红框），单击"尺寸"按钮 ，单击长度尺寸的第一条尺寸界线位置，再单击第二条尺寸界线位置，拖动鼠标，将尺寸放在合适位置，如图 3-3-40 所示。依次标注长度尺寸，完成长度尺寸标注。

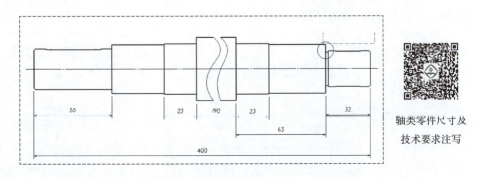

图 3-3-40　标注长度尺寸

轴类零件尺寸及技术要求注写

【小技巧】

1. 由于视图重叠在一起，标注尺寸时，无法准确单击尺寸界线，所以先隐藏不需要标注尺寸的视图。

2. 一定要在激活的视图上标注尺寸。

(2) 标注直径尺寸。

①单击"尺寸"下拉工具条的"直径尺寸"按钮，单击第一条尺寸界线，自动标出直径尺寸；

②如果直径尺寸有公差要求，单击第一条尺寸界线，在"尺寸属性"的"公差说明"下拉列表中选择需要的公差样式"10H7"，在"公差"下拉列表选择基本偏差代号和公差等级 k7，按【Enter】键，将尺寸放在合适位置，如图 3-3-41 所示；完成零件直径尺寸标注，如图 3-3-42 所示。

(3) 标注键槽、退刀槽、螺纹孔等尺寸。

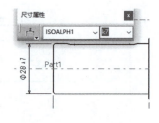

图 3-3-41　尺寸公差标注

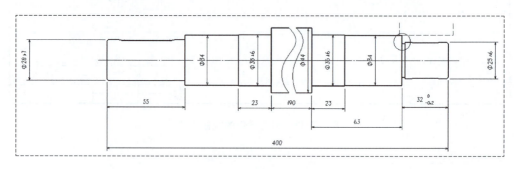

图 3-3-42　直径尺寸标注

①退刀槽尺寸标注。先标注退刀槽尺寸为 2，右击尺寸，弹出快捷菜单，单击"属性"选项，弹出"属性"对话框，单击"尺寸文本"选项卡，在"关联文本"选项区的"主值"后面的文本框中输入"×1"，单击"确定"按钮，如图 3-3-43 所示；

②标注螺纹尺寸。运用"尺寸"命令标注螺纹尺寸大径 6，右击弹出快捷菜单，单击"属性"选项，弹出"属性"对话框，单击"尺寸文本"选项卡，单击"关联文本"选项区的"主值"前面的文本框，输入 2×M，单击"确定"按钮，如图 3-3-44 所示。

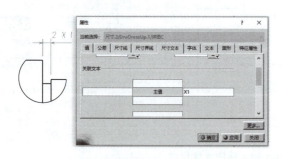

图 3-3-43　退刀槽尺寸标注

图 3-3-44　螺纹尺寸标注

图 3-3-45　实体箭头选项

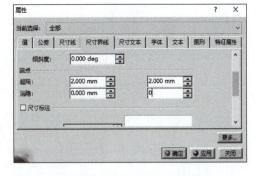

图 3-3-46　消隐文本框输入为 0

（4）修改实心箭头。单击图中任一尺寸，按住【Ctrl】键，选中所有尺寸后右击，弹出快捷菜单，单击"属性"选项，弹出"属性"对话框：单击"尺寸线"选项卡，在"符号"选项区选择"形状"为"实心箭头"选项，如图 3-3-45 所示；单击"尺寸界线"选项卡，"端点"选项区的"消隐"文本框输入"0"，如图 3-3-46 所示，完成尺寸标注。

【注意】

尺寸终端的箭头要使用实心箭头。

10. 标注表面粗糙度和几何公差等技术要求。

（1）标注表面粗糙度。单击"粗糙度符号"按钮 $\sqrt{}$ ，选择要标注粗糙度的尺寸界线位置，弹出"粗糙度符号"对话框，按照粗糙度要求输入参数，单击"确定"按钮，如图 3-3-47 所示。

（2）零件图标题栏上方的" $\sqrt{Ra\,6.3}$ （ $\sqrt{}$ ）"表示除了图中标注粗糙度的表面，其余表面粗糙度为 $\sqrt{Ra=6.3\,\mu m}$ 。

①单击"文本"按钮 **T**，选择标题栏上方合适位置，单击弹出"文本编辑器"对话框，如图 3-3-48 所示，输入"（　　）"，单击"确定"按钮；

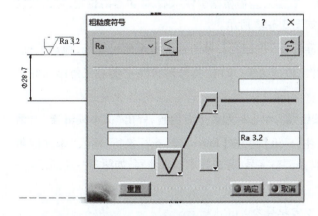

图 3-3-47　表面粗糙度参数

图 3-3-48　文本编辑器

②选择在括号前方和中间位置，单击"粗糙度符号"按钮，弹出"粗糙度符号"对话框，选择合适参数，如图 3-3-49 所示，单击"确定"按钮。

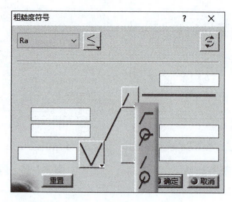

图 3-3-49　粗糙度符号对话框

【小技巧】

1. 使用"文本"命令时,要注意不要激活任何视图,否则,表示在激活的视图上输入文本。
2. 输入文本后,在空白处单击退出。当鼠标移在文本位置变成手的形状时,按住【Shift】键,拖动鼠标,可将文本框放到合适位置。

(3) 标注几何公差。

①单击"基准特征" A 下拉列表的"形位公差"按钮,单击标注几何公差的尺寸线位置,按住【Shift】键,拖动鼠标到合适位置;

②弹出"形位公差"对话框:"公差特征修饰符"下拉列表中选择"同轴度符号 ◎"选项,如图 3-3-50 所示;单击右上角"插入符号"下拉列表,选择"φ"选项,如图 3-3-51 所示;在"公差"选项区"公差值"文本框输入 0.02;在"参考"选项区"主要基准文本"文本框参考输入 A,如图 3-3-52 所示,单击"确定"按钮。

(4) 更改几何公差框格指引线箭头形状。右击公差框格指引线末端,即黄点的位置,弹出快捷菜单,单击"符号形状"→"实心箭头"命令,如图 3-3-53 所示。

(5) 标注几何公差基准框格。单击"基准特征"按钮 A,单击标注基准的尺寸线,拖动鼠标,标出基准框格;右击框格指引线末端黄点,弹出快捷菜单,单击"符号形状"→"实心三角形",完成几何公差标注。

(6) 注写技术要求文字。单击"文本"按钮 T,单击标题栏上方位置,弹出"文本编辑器"对话框,输入"技术要求"(第一字前空一格),按住【Shift】键,按【Enter】键,光标换行,输入"未注倒角 C1",单击"确定"按钮;运用"文本属性"工具条调整字号,完成技术要求注写,如图 3-3-54 所示。

【注意】

C1 是倒角的符号,代表 45° 倒角,轴线方向距离为 1。

11. 完成零件图,如图 3-3-55 所示,保存文件。

模块三 绘制工程图

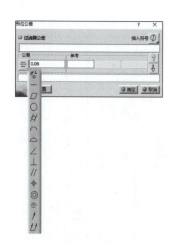

图 3-3-50　选择几何公差符号

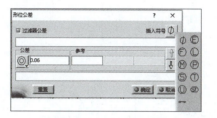

图 3-3-51　在"公差值"文本框插入符号

图 3-3-52　标注几何公差框格

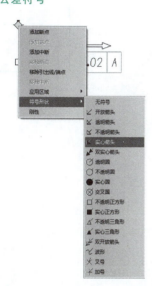

图 3-3-53　修改几何公差指引线箭头形状

图 3-3-54　调整文本字号

拓展练习

请按照零件图尺寸创建阀杆零件模型,并画出工程图,如图 3-3-56、图 3-3-57 所示。

图 3-3-56　阀杆建模

视频讲解

115

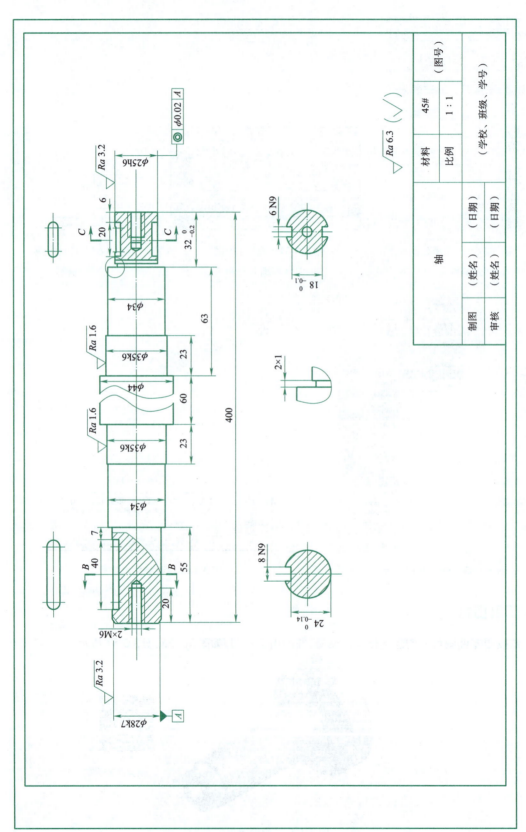

图 3-3-55 轴零件工程图

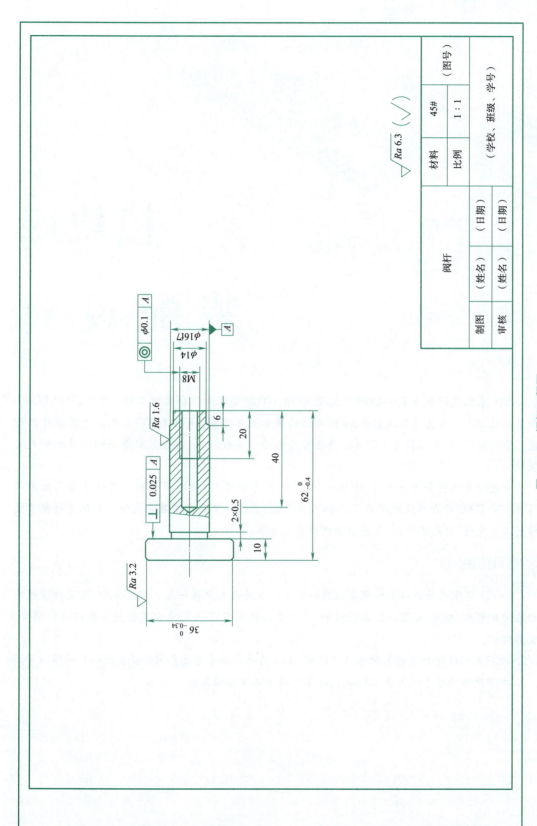

图 3-3-57 阀杆工程图

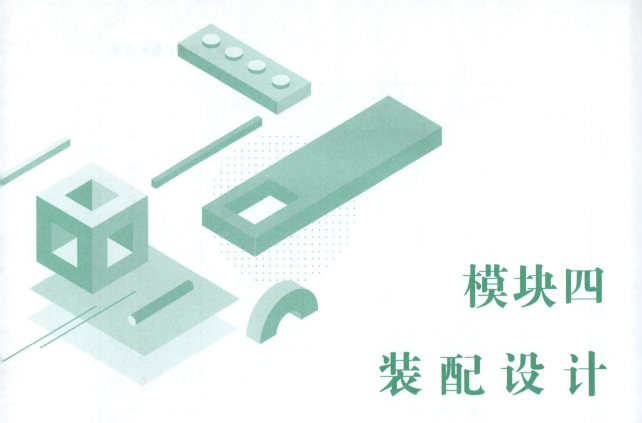

模块四
装配设计

CATIA 装配设计分为 TOP-DOWN 装配、DOWN-TOP 装配和混合装配三种。其中,TOP-DOWN 装配是在装配工作台直接新建零件,按照零件的装配关系建模;DOWN-TOP 装配是先在零件工作台进行零件建模,再导入装配工作台按照连接关系进行装配约束;混合装配是用两种装配形式进行装配。

装配设计模块包含三个项目,螺栓连接装配,千斤顶装配,齿轮泵装配。螺栓连接装配采用 DOWN-TOP 装配、千斤顶装配采用 TOP-DOWN 装配,齿轮泵装配采用混合装配。本模块讲解了装配体的工作原理、组成零件,以便更好地理解装配关系。

学习指南

1. CATIA 装配设计是将零件模型按照一定的约束关系装配在一起。装配体中,国家标准规定的标准件如螺栓、螺母、垫圈、键、销等零件,可以直接调用 CATIA 目录浏览器里面的标准件模型,不需要建模。

2. 学习装配设计要了解装配体工作原理,零件间的连接关系及各零件在装配体中的作用等。

3. 书中线性尺寸单位是毫米(mm),这里一律省略单位注写。

模块四　装配设计

项目一　螺栓连接装配

学习目标

1. 熟悉 DOWN-TOP 装配设计的操作方法,掌握在目录浏览器中调用标准件的操作方法,学会插入现有零件、零件的装配约束、装配文件的保存管理等操作。
2. 能够创建装配模型等。

项目分析

螺栓连接是指通过螺栓、螺母、垫圈等将两个不太厚并钻成通孔的零件连接在一起。其中,螺栓、螺母、垫圈是标准件,装配设计时不需要建模。本项目所用标准件规格是:螺栓 M20×80、螺母 M20、垫圈 20;本项目需要建模的是两个通孔零件。

◎ 任务　零件建模与装配建模

零件建模与装配建模

学习重点 >>>

学习在装配工作台中插入现有零件、在目录浏览器中调用标准件、装配约束、装配文件的保存管理等操作。

【步骤1】　零件建模

两个零件建模,如图 4-1-1 和图 4-1-2 所示。

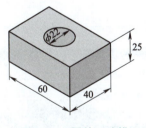
图 4-1-1　零件一建模

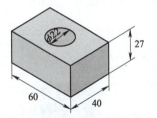
图 4-1-2　零件二建模

【步骤2】　装配螺栓

1. 进入装配工作台。在菜单栏中单击"开始"→"机械设计"→"装配设计"命令,进入装配工作台。

> 【注意】
> CATIA 的初始界面虽然是装配界面,但不是机械设计装配工作台。如果打开 CATIA 初始界面直接进行装配设计,会发现缺少很多命令工具条。因此,一定要在菜单栏中单击"开始"→"机械设计"→"装配设计"命令,进入装配工作台。

119

2. 激活 Product（亮显），激活装配建模。

3. 调用螺栓。

①单击工作台界面底部工具条中的"目录浏览器"按钮，弹出"目录浏览器"对话框，如图 4-1-3 所示，"当前"选择"ISO Standard"；

②单击标准件的名称，右侧可以看到标准件形状预览如图 4-1-4 所示；

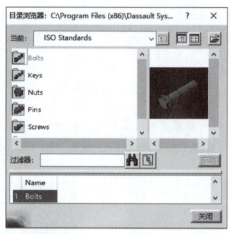

图 4-1-3 "目录浏览器"对话框

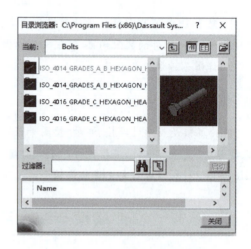

图 4-1-4 选择需要的螺栓标准

③双击螺栓"Bolts"，弹出"系列标准螺栓"对话框，双击标准"ISO 4014"，弹出 ISO 4014 标准不同规格的螺栓，如图 4-1-5 所示；

④拖动滚动条，找到"ISO 4014 BOLT M20×80"并双击；

⑤装配特征树显示选定螺栓，绘图区显示螺栓模型，右下角显示目录预览，单击"确定"按钮，关闭目录浏览器，完成螺栓调用，如图 4-1-6 所示。

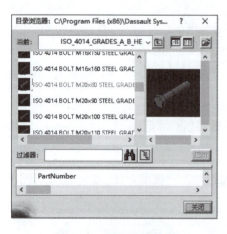

图 4-1-5 选择螺栓规格

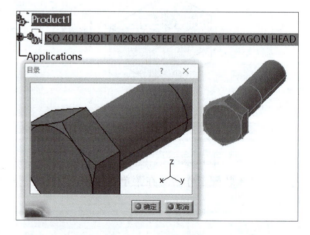

图 4-1-6 调用螺栓

4. 调整螺栓轴线方向。单击"操作"按钮，弹出"操作"对话框，单击"绕 Y 轴拖动"按钮，拖动螺栓模型旋转，将轴线竖直，如图 4-1-7 所示，单击"确定"按钮。

5. 固定螺栓。单击"相合约束工具条"中"修复部件"按钮 ,单击螺栓模型,将螺栓固定。

图 4-1-7　将螺栓轴线竖直

> 【小技巧】
>
> 1."操作"命令是装配设计使用频率较高的操作,它不仅可以沿着三个坐标轴移动和转动,沿三个坐标平面移动,还可以沿任意直线移动和转动,沿任意平面移动。
>
> 2."修复部件"命令的作用是固定零件,装配过程中,一定要固定一个零件不动,其他零件按照约束关系装配到这个零件上。如果不固定一个零件,那么根据约束关系,零件容易装配到装配体外面。

【步骤3】 装配零件

1. 激活 Product(亮显),激活装配建模。

2. 插入零件一。单击"现有部件"按钮 ,弹出"选择文件"对话框,找到零件的存储路径,单击"打开"按钮,插入零件一,如图 4-1-8 所示。

3. 拖动零件一。单击"操作"按钮 ,弹出操作对话框,单击"沿 X 轴拖动"按钮 ,单击零件一并拖动,如图 4-1-9 所示,单击"确定"按钮。

图 4-1-8　插入零件一　　　　　图 4-1-9　拖动零件一

4. 约束。

①单击"相合约束"按钮 ,鼠标在螺栓附近,单击模型自动显示的轴线,如图 4-1-10 所示;鼠标在零件一孔附近,单击模型自动显示的轴线,如图 4-1-11 所示,完成相合约束;

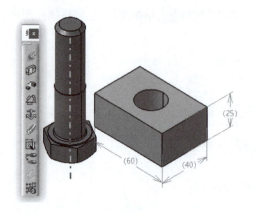

图 4-1-10　约束螺栓轴线　　　　　　图 4-1-11　约束零件一轴线

②单击"偏移约束"按钮，选择螺栓头与零件接触表面，再选择零件一上表面，弹出"约束属性"对话框;"方向"选择"相同"选项;文本框"偏移"输入零件厚度 25，单击"确定"按钮，如图 4-1-12 所示;

③单击"更新"按钮，零件一按照约束关系自动装配到螺栓上。

5. 装配零件二。零件二装配与零件一装配操作步骤相同，零件一上端面与零件二上端面偏移约束，偏移零件二的厚度 27，完成零件二装配，如图 4-1-13 所示。

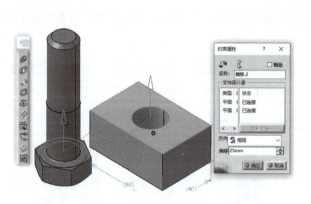 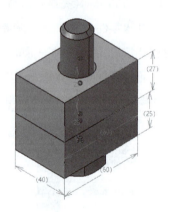

图 4-1-12　约束螺栓头与零件表面偏移距离　　　　图 4-1-13　装配零件二

【步骤4】装配垫圈

1. 激活 Product(亮显)，激活装配建模。

2. 调用垫圈。单击"目录浏览器"按钮，双击垫圈"Washers"，双击"ISO 7089"标准，拖动滚动条，双击"ISO 7089 WASHER 20X37"垫圈规格，单击"确定"按钮，如图 4-1-14 所示。

3. 调整垫圈位置。单击"操作"按钮，分别将垫圈沿 Y 轴旋转、沿 X 轴移动、沿 Z 轴移动，调整垫圈方向如图 4-1-15 所示。

模块 四 装配设计

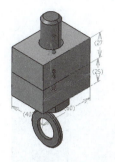
图 4-1-14 调用垫圈

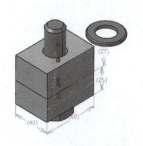
图 4-1-15 调整垫圈位置

4. 约束。①约束螺栓轴线与垫圈轴线相合，如图 4-1-16 所示；②单击"接触约束"按钮 ，选择零件二上表面，旋转垫圈并选择垫圈下表面，如图 4-1-17 所示。

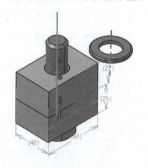
图 4-1-16 约束垫圈轴线与螺栓轴线相合

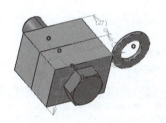
图 4-1-17 约束垫圈底面与零件二表面接触

5. 整理。①单击"等轴测图"按钮 ，恢复模型位置；②单击"更新"按钮 ，完成垫圈装配，如图 4-1-18 所示。

【步骤5】装配螺母

1. 激活 Product(亮显)，激活装配建模。
2. 调用螺母。单击"目录浏览器"按钮 ，双击螺母"Nuts"，双击"ISO 4034"标准，拖动滚动条，双击"ISO 4034 NUT M20"螺母规格，单击"确定"按钮，如图 4-1-19 所示。

图 4-1-18 装配垫圈

3. 调整螺母方向。方法与调整垫圈相同，如图 4-1-20 所示。

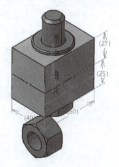
图 4-1-19 调用螺母

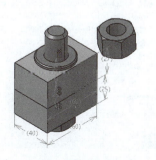
图 4-1-20 调整螺母方向

4. 装配螺母。方法同装配垫圈,如图 4-1-21 所示。
5. 整理装配模型。隐藏约束、尺寸,如图 4-1-22 所示。

图 4-1-21　装配螺母

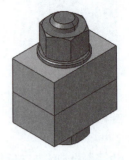

图 4-1-22　螺栓装配

6. 装配文件保存。在菜单栏中单击"文件"→"保存管理"命令,弹出"保存管理"对话框,如图 4-1-23 所示;单击"Product"选项,单击"另存为"按钮,选择文件存储路径;单击"拓展目录"按钮,单击"确定"按钮,如图 4-1-24 所示。

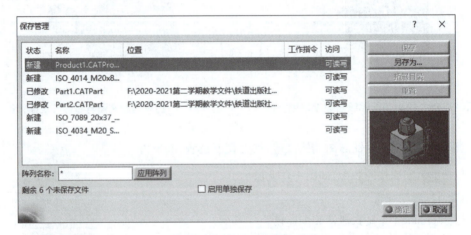

图 4-1-23　"保存管理"对话框

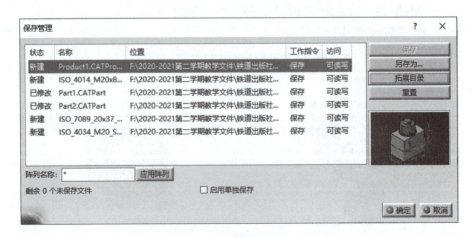

图 4-1-24　拓展目录

【小技巧】

1. CATIA 的装配建模是与装配体的零件建模数据相关联的,所以,装配设计一定要用"保存管理"对话框中的"拓展目录"命令,将 Product 文件和装配的所有零件存储在一个文件夹里面,才能打开装配文件。如果只存储一个 Product 文件,而没有与装配体的零件建模存储在一起,那么,CATIA 将无法打开装配建模文件。

2. 由于装配体零件较多,应时刻单击"保存管理"→"拓展目录"命令,保存文件,以免因未及时保存文件而丢失文件。

拓展练习

请完成螺钉连接装配,如图 4-1-25 所示。

零件一尺寸如图 4-1-26 所示,沉头孔深度 5、角度 90、孔直径 11;

零件二尺寸如图 4-1-27 所示,螺纹孔是公制粗牙螺纹 M10、螺纹孔深度 20、钻孔深度 25、盲孔、V(锥)形底。

螺钉为沉头开槽螺钉,规格为 ISO 2009 SCREW M10×25。

装配要点:沉头螺钉的沉头圆台面与零件一沉头孔的圆台面约束面接触。

视频讲解

【注意】

螺钉连接是用螺钉将一个通孔零件与一个较厚的有螺纹孔的零件连接在一起。

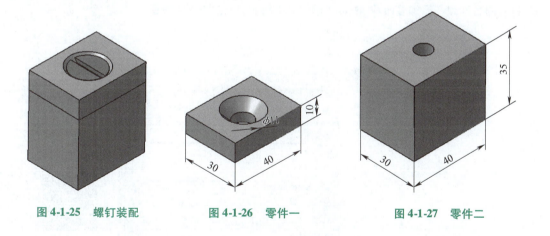

图 4-1-25　螺钉装配　　　　图 4-1-26　零件一　　　　图 4-1-27　零件二

项目二　千斤顶装配

学习目标

1. 熟悉 TOP-DOWN 装配设计的操作方法,掌握零件工作台与装配工作台的切换,学会"新建零件"、"快速多实例化"、装配工作台中的"孔"等命令。

2. 能够创建装配模型等。

项目分析

千斤顶是利用螺旋传动顶举重物的,是常用的起重或顶压工具。千斤顶由顶垫、螺旋杆、铰杠、螺套和底座等零件组成。工作时,旋转铰杠,带动螺旋杆在螺套内做上下移动,顶垫上的物体被顶起或落下。

◎ 任务　千斤顶装配设计

学习重点 >>>

学习装配工作台新建零件、零件工作台与装配工作台的切换、利用已有零件草图画新零件模型、装配工作台插入装配特征的钻孔等操作。

【步骤1】　进入装配工作台

进入装配工作台。在菜单栏中单击"开始"→"机械设计"→"装配设计"命令,进入装配工作台。

【步骤2】　底座建模

1. 新建零件。①新建零件。激活特征树的"Product"选项,单击"零件"按钮 ,特征树出现Part1;②零件命名。右击特征树"Part1"选项,弹出快捷菜单,单击"属性"选项,弹出"属性"对话框:将实例名称和产品编号改成 dizuo,如图 4-2-1 所示,单击"确定"按钮。

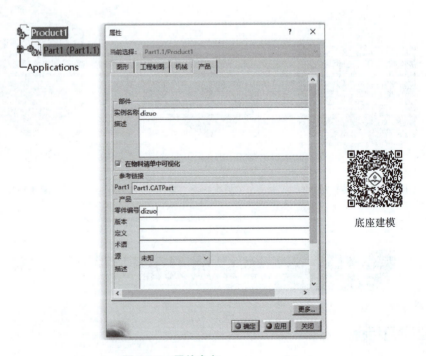

底座建模

图 4-2-1　零件命名

> 【注意】
> 特征树的名称可以中文命名,但文件存储不能用中文。

2. 进入零件工作台。单击特征树中"dizuo(dizuo)"前面的"+"号打开特征树,双击下一级零件特征树的"—dizuo",如图 4-2-2 所示,进入零件工作台。

3. 画草图。单击 yz 平面,画草图,如图 4-2-3 所示。

4. 底座建模。单击"旋转体"按钮 ,绕 Z 轴旋转为旋转体;底面孔口倒角 C2,如图 4-2-4 所示;隐藏特征树的三个投影面,完成底座建模。

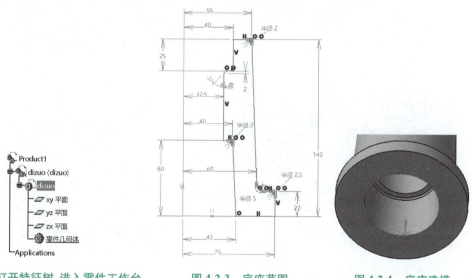

图 4-2-2 打开特征树,进入零件工作台　　图 4-2-3 底座草图　　图 4-2-4 底座建模

5. 切换装配工作台。双击特征树中"Product"选项,切换到装配工作台,单击特征树"dizuo(dizuo)"前面的"-"号,折叠特征树。

6. 约束底座固定。单击"修复部件"按钮,单击底座零件,完成底座零件固定约束。

> 【注意】
> 隐藏三个坐标面一是为了保持装配建模清晰,二是当装配体零件较多时,投影面重叠,无法准确找到零件,因此,要学会隐藏不需要显示的几何元素。

【步骤3】螺套建模

1. 新建零件。激活特征树的"Product"选项,单击"零件"按钮,弹出"新零件:原点"对话框,单击"否"按钮,如图 4-2-5 所示。

2. 修改名称。右击特征树"Part1"选项,弹出快捷菜单,单击"属性"选项,弹出"属性"对话框;将实例名称和产品编号改成 luotao,单击"确定"按钮。

3. 进入零件工作台。单击特征树中"luotao(luotao)"前面的"+"号打开特征树,双击下一级零件特征树的"—luotao",进入零件工作台。

4. 画草图。

(1) 进入草图工作台,进入草图工作台(yz 平面);

(2) 调整模型显示方式。单击绘图区下方"视图"通用工具栏的"着色" 下拉工具条的"线框"按钮 ,此时,底座的模型显示为线框;

螺套建模

(3) 画草图,分别约束三条横线相合:草图上边线与底座上边线、草图中间边线与底座 $\phi80$ 底面边线、草图下边线与底座 $\phi65$ 下边线相合,约束尺寸 40、32.5,如图 4-2-6 所示,退出草图工作台。

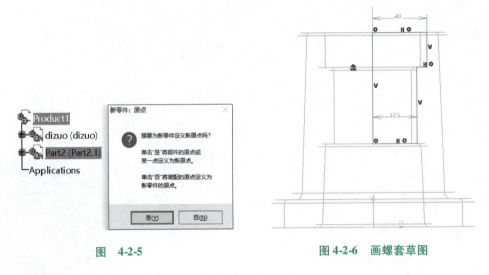

图 4-2-5　　　　　　　　　　　图 4-2-6　画螺套草图

5. 螺套建模。

① 单击"着色" 下拉工具条的"含边线着色" 按钮;② 单击"旋转体"按钮 ,绕 Z 轴旋转,旋转体建模。

【步骤 4】螺孔建模

1. 钻孔。单击"孔"按钮 ,单击螺套上端外圆边线,再单击上端面,弹出"定义孔"对话框:在"扩展"选项卡中单击"直到最后"选项;在"类型"选项卡中单击"简单孔"选项;在"定义螺纹"选项卡中勾选"螺纹孔"选项;"底部类型"选项区中,单击"支持面深度"选项;"定义螺纹"选项区中单击"非标准螺纹"选项,文本框"螺纹直径"输入 50,文本框"孔直径"输入 42,文本框"螺距"输入 8,单击"确定"按钮,如图 4-2-7 所示。

2. 画螺纹孔圆心点。螺套与底座之间安装锥端紧定螺钉,用来限制螺套转动。在底座和螺套连接处要钻螺纹孔,先画出圆心点方便在装配工作台钻孔。单击顶面,进入草图,在螺套与底座相接的 $\phi80$ 圆水平中心线上画一点,约束尺寸 40,如图 4-2-8 所示。

3. 整理零件模型。隐藏特征树的三个坐标面,完成螺套建模。

4. 切换装配工作台。双击特征树"Product"选项,切换到装配工作台,折叠特征树。

5. 约束螺套固定。单击"修复部件"按钮 ,单击螺套零件,完成螺套固定。

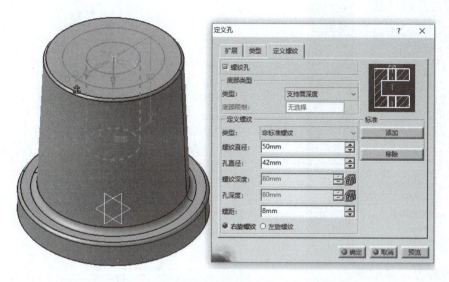

图 4-2-7 钻螺纹孔

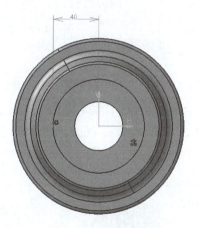

图 4-2-8 画圆心点

【步骤5】锥端紧定螺钉装配

1. 钻螺纹孔。在菜单栏中单击"插入"→"装配特征"→"孔"命令,如图 4-2-9 所示;单击螺套顶面的点,然后单击螺套顶面,弹出"定义装配特征"对话框;在"可能受影响零件"选项区中单击"dizuo"选项,添加选定零件到"受影响零件"的列表单击 ☑ 按钮,如图 4-2-10 所示;单击"确定"按钮弹出"定义孔"对话框:"扩展"选项卡,单击"盲孔"选项,底部下拉列表,单击"V形底"选项;"类型"选项卡,单击"简单孔"选项;"定义螺纹"选项卡中勾选"螺纹孔"选项,在"定义螺纹"选项区中选择"类型"为"公制粗牙螺纹 M10",文本框"螺纹孔深度"输入 15,文本框"孔深度"输入 17,如图 4-2-11 所示,单击"确定"按钮。

图 4-2-9　插入装配特征钻孔

锥端紧定螺钉装配

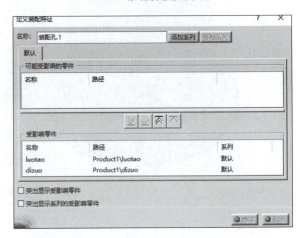

图 4-2-10　受影响零件是底座和螺套

2. 装配螺钉。

（1）调用锥端紧定螺钉。单击"目录浏览器"按钮，调用"ISO 7434 SCREW M10×12"螺钉；

（2）显示螺钉坐标面。单击特征树中"ISO 7434 SCREW M10×1"级联菜单中的"ISO 7434 SCREW M10×12"选项，如图 4-2-12 所示，右击 xy 平面，弹出快捷菜单，单击"显示"命令，折叠特征树；

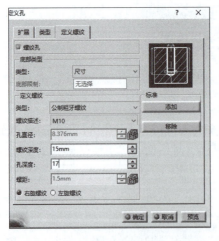

图 4-2-11　"定义螺纹"选项卡设置

图 4-2-12　显示螺钉投影面

（3）拖动螺钉。单击"操作"按钮，拖动螺钉的 xy 坐标平面，并沿 X 轴移动，绕 Y 轴旋转，沿 Z 轴移动，如图 4-2-13 所示；

(4)约束螺钉,约束轴线相合,两顶面接触,进行装配,如图 4-2-14 所示;

图 4-2-13　拖动螺钉

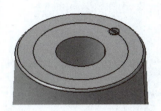
图 4-2-14　约束螺钉

(5)隐藏 xy 平面,完成螺钉装配。

【注意】

两个零件装配后,再钻孔,通常称为"配钻",主要用于安装螺钉或销等零件。配钻孔能确保孔的尺寸精度和几何精度良好,便于装配。

【步骤6】 螺旋杆建模

1. 新建零件。激活特征树中"Product"选项,单击"零件"按钮 ,弹出"新零件:原点"对话框,单击"否"按钮。

2. 修改名称。单击特征树"Part1"选项,右击弹出快捷菜单,单击"属性"选项,弹出"属性"对话框:将实例名称和产品编号改成 luoxuangan,单击"确定"按钮。

3. 进入零件工作台。单击特征树" + luoxuangan"前面的" + "号打开特征树双击下一级零件特征树的"luoxuangan",进入零件工作台。

4. 画草图。单击 yz 平面,进入草图工作台,画草图,如图 4-2-15 所示,竖直尺寸 10 的上边线与底座、螺套的上顶面相合,退出草图工作台。

5. 螺旋杆建模。

(1)创建实体。草图绕 Z 轴旋转,创建回转体;

(2)创建外螺纹。单击"外螺纹/内螺纹"按钮 ,弹出"定义外螺纹/内螺纹"对话框:单击"几何图形定义"选项区的"侧面"文本框,选择圆柱外表面,单击"限制面"文本框,选择底面,勾选"外螺纹"选项;"底部类型"中"类型"选择"支持面深度"选项;"数值定义"选项区中"类型"选择"非标准螺纹"选项,文本框"外螺纹直径"输入 50,文本框"螺距"输入 8,如图 4-2-16 所示,单击"确定"按钮;

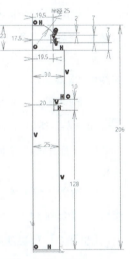
图 4-2-15　螺旋杆草图

(3)创建倒角,螺杆底部倒角 C5;

(4)创建铰杠孔,单击 yz 平面,进入草图工作台画圆,尺寸如图 4-2-17 所示;定义凹槽,镜像,完成通孔;同理,换 zx 平面方向,创建同样尺寸凹槽,完成螺旋杆建模。

6. 切换装配工作台。双击特征树中"Product"选项,切换到装配工作台,折叠特征树。

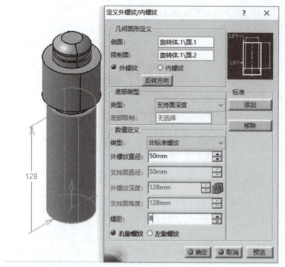

外螺纹建模

铰杠建模

图 4-2-16　螺旋杆外螺纹　　　　　　图 4-2-17　铰杠孔

【步骤 7】 铰杠建模

1. 新建零件。激活特征树中"Product"选项，单击"零件"按钮 ，弹出"新零件：原点"对话框，单击"否"按钮。

2. 修改名称。单击特征树中"Part1"选项，右击弹出快捷菜单，单击"属性"选项，弹出"属性"对话框；将实例名称和产品编号改成 jiaogang，单击"确定"按钮。

3. 进入零件工作台。单击特征树"+jiaogang"前面的"+"号打开特征树，双击下一级零件特征树的"jiaogang"，进入零件工作台。

4. 画草图。进入草图工作台(yz 平面)，单击"投影3D元素"按钮 ，如图 4-2-18 所示，退出草图工作台。

5. 铰杠建模。拉伸凸台尺寸 150，镜像；隐藏坐标平面，完成铰杠建模。

6. 切换装配工作台。双击特征树中"Product"选项，切换到装配工作台，折叠特征树。

图 4-2-18

【步骤 8】 顶垫建模

1. 新建零件。激活特征树中"Product"选项，单击"零件"按钮 ，弹出"新零件：原点"对话框，单击"否"按钮。

2. 修改名称。右击特征树"Part1"选项，弹出快捷菜单，单击"属性"选项，弹出"属性"对话框；将实例名称和产品编号改成 dingdian，单击"确定"按钮。

顶垫建模

3. 进入零件工作台。单击特征树"+dingdian"前面的"+"号打开特征树，双击下一级零件特征树的"dingdian"，进入零件工作台。

4. 画草图。进入草图工作台(yz 平面)，画草图，如图 4-2-19 所示，图中亮显的虚线是螺旋杠顶面的投影3D元素的线，约束 $R25$ 圆弧面与投影3D元素线的端点相合，再将投影3D元素线变成构造线，退出草图工作台。

5. 顶垫建模。

(1) 旋转实体。草图绕 Z 轴旋转,创建回转体;

(2) 倒圆角,如图 4-2-20 所示;

(3) 创建平面。单击"平面"按钮 ,偏移 yz 平面 30、反转方向,创建平面;

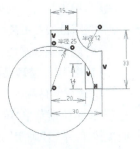

图 4-2-19 顶垫草图

(4) 创建螺钉孔的圆心点。单击新创建的平面,进入草图工作台;创建点,点到顶垫底面的距离为 8,如图 4-2-21 所示;

(5) 钻螺纹孔。单击螺钉孔的圆心点,单击偏移平面,弹出定义孔对话框:"扩展"选项卡,单击"直到下一个"选项,单击"方向"选项区的"反转"按钮;"类型"选项卡中单击"简单"选项;在"定义螺纹"选项卡中勾选"螺纹孔"选项,在"底部类型"选项区中"类型"选择"支持面深度",在"定义螺纹"选项区中,"类型"选择"公制粗牙螺纹"选项,"螺纹描述"选择"M10",单击"确定"按钮;

(6) 整理建模。隐藏坐标平面,新建平面不隐藏,完成顶垫建模。

6. 切换装配工作台。双击特征树中"Product"选项,切换到装配工作台,折叠特征树。

图 4-2-20 倒圆角

图 4-2-21 空心点定位

【步骤 9】锥端紧定螺钉装配

1. 螺钉装配。

(1) 调用螺钉。为了限制顶垫的轴向移动,在顶垫的螺纹孔装配锥端紧定螺钉,伸到螺旋杆的 φ35 槽里面。单击特征树中"ISO 7434 SCREW M10×12"选项,如图 4-2-22 所示。单击"快速多实例化"按钮 ,直接导入螺钉,如图 4-2-23 所示;

图 4-2-22 "快速多实例化"命令插入另一个螺钉

图 4-2-23 绘图区显示新插入的螺钉

(2) 移动螺钉。单击"操作"按钮 ,拖动螺钉面,使其绕 Y 轴旋转,沿 Z 轴移动,沿 X 轴移动;

（3）约束螺钉。约束螺钉轴线与螺纹孔轴线相合，约束螺钉端面与新建平面（创建螺纹孔圆心点的平面）偏移距离为0；

（4）隐藏新建平面，完成螺钉装配如图4-2-24所示。

【步骤10】 整理装配建模

1. 改变零件颜色与透明度。为了能更清楚地看到装配体内部结构，右击特征树中零件名称选项，弹出快捷菜单，单击"属性"选项，在"图形"选项卡中选择"颜色"下拉列表选项，然后拖动透明度按钮，单击"确定"按钮，如图4-2-25所示。

2. 保存文件。在菜单栏中单击"文件"→"保存管理"命令，弹出"保存管理"对话框，单击"product"选项，单击"另存为"选项，找到文件存储路径，单击"拓展目录"选项，单击"确定"按钮。

图4-2-24　千斤顶装配建模　　　　图4-2-25　设置颜色和透明度

【小技巧】

"快速多实例化"命令，用于重复装配已有零件，不必重新插入零件，非常便捷实用。

项目三　齿轮泵装配

学习目标

1. 熟悉混合装配设计的操作方法，掌握拖动现有零件位置的操作及装配约束，学会重复使用"阵列"、"快速多实例化"、装配结构台中的"孔"等命令。

2. 能够创建装配模型等。

项目分析

齿轮泵是机器润滑、供油系统的一个部件，它的动力从传动齿轮输入，通过键带动主动齿轮轴转动，再经过齿轮啮合带动从动齿轮轴转动。一对齿轮在泵体内做啮合传动时，啮合区前部空间的压力降低,产生局部真空,油池内部的油在大气压力作用下进入油泵低压区内的进油口,随着齿轮的转动,齿槽中的油不断被带到后部的出油口挤压出去,送到机器需要润滑的部位。

◎ 任务　齿轮泵装配设计

学习重点 >>>

学习零件工作台的齿轮建模、自定义阵列等操作及"多凸台"命令,装配工作台的"目录浏览器"、"重复使用阵列"和"快速多实例化"等命令。

【步骤1】 齿轮建模参数

齿轮泵共有三个齿轮,传动齿轮:齿数 $Z=27$、模数 $m=3$、齿宽20、压力角20°;主动齿轮轴和从动齿轮轴参数均相同,齿数 $Z=15$、模数 $m=3$、齿宽36、压力角20°。

【步骤2】 传动齿轮 UG 建模

1. 打开 UG。CATIA 软件齿轮建模步骤比较烦琐,这里调用 UG 软件进行齿轮建模。打开 UG 软件新建,如图4-3-1所示,默认选项即可,单击"确定"按钮。

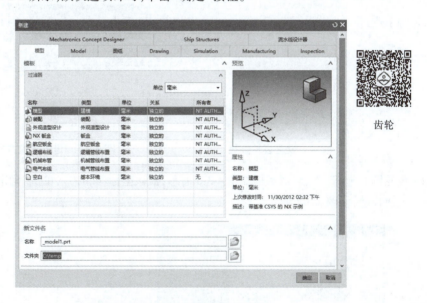

图 4-3-1　打开 UG"新建"对话框

2. 创建齿轮。进入主页面,单击"柱齿轮建模"按钮,弹出"渐开线圆柱齿轮建模"对话框,如图4-3-2所示,勾选"创建齿轮"选项,单击"确定"按钮,弹出"渐开线圆柱齿轮类型"对话框。

3. 齿轮类型。在"渐开线圆柱齿轮类型"对话框,如图4-3-3所示,勾选"直齿轮"、"外啮合"、"滚齿"选项,单击"确定"按钮。

4. 齿轮参数。弹出渐开线圆柱齿轮参数对话框,如图4-3-4所示,单击"Default Value"按钮,输入"模数"3,"牙数"27,"齿宽"20,"压力角"20,单击"确定"按钮,弹出矢量对话框。

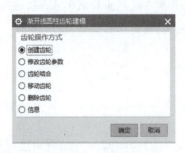

图 4-3-2 创建齿轮

图 4-3-3 选择齿轮类型

5. 齿轮建模方向。在"矢量"对话框中选择"要定义矢量的对象"为 y 轴,如图 4-3-5 所示,单击"确定"按钮,弹出"点"对话框。

图 4-3-4 设置齿轮参数

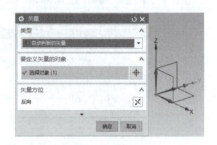

图 4-3-5 齿轮建模方向

6. 齿轮圆心坐标。"点"对话框如图 4-3-6 所示,默认坐标(0,0,0),单击"确定"按钮。
7. 生成齿轮,如图 4-3-7 所示。

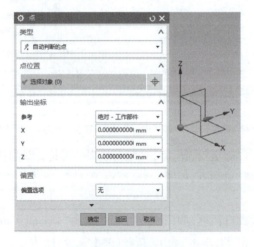

图 4-3-6 齿轮圆心坐标

图 4-3-7 生成齿轮

8. 保存文件。在菜单栏中单击"文件"→"导出"→"STEP203",如图 4-3-8 所示,弹出"导出至 STEP 选项"对话框,选择文件存储路径,单击"确定"按钮,如图 4-3-9 所示。

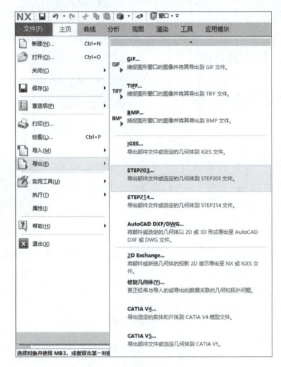

图 4-3-8 导出 STEP 格式文件

图 4-3-9 导出文件存储路径

9. 导入 CATIA 建模。

(1)进入零件工作台。在菜单栏单击"开始"→"机械设计"→"零件设计"命令,进入零件工作台;

(2)导入齿轮。在菜单栏单击"文件"→"打开"命令,按照 UG 导出 STEP03 文件存储路径,导入齿轮,如图 4-3-10 所示。

【注意】

UG 文件存储路径不能使用中文。

10. 画草图。选择齿轮前端面,进入草图工作台,画孔和键槽草图,如图 4-3-11 所示。

11. 零件建模。定义凹槽,直到最后,完成传动齿轮建模,保存文件"chuandongchilun",如图 4-3-12 所示。

图 4-3-10 齿轮导入 CATIA 中

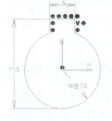

图 4-3-11 画草图

图 4-3-12 键槽孔建模

【步骤3】 从动齿轮建模

1. 从动齿轮建模，运用【步骤2】的操作方法，参数为齿数 $Z=15$、模数 $m=3$、齿宽36、压力角20°。

2. 导入CATIA。

3. 画草图。单击 yz 平面，进入草图工作台，画草图，如图4-3-13所示。

4. 零件建模。绕 Y 轴建旋转体，如图4-3-14所示，保存文件命名为"congdongchilunzhou"。

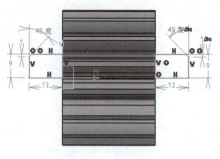

图4-3-13 画草图

【步骤4】 主动齿轮建模

1. 由于主动齿轮与从动齿轮参数相同，可以直接修改已经完成建模的从动齿轮数据。打开从动齿轮模型文件，在菜单栏中单击"文件"→"另存为"命令，找到文件存储路径，名称为"zhudongchilunzhou"。

从动齿轮

2. 画右侧草图。在特征树的下拉菜单中，双击旋转体的草图，如图4-3-15所示；进入草图，左端草图尺寸相同，不修改，修改右端尺寸，如图4-3-16所示，退出草图工作台，单击"更新"按钮 。

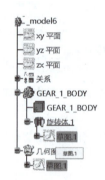

图4-3-14 从动齿轮建模   图4-3-15

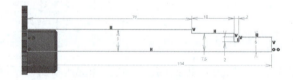

图4-3-16 修改右侧草图形状和尺寸

3. 画键槽草图。单击 yz 平面，画键槽草图，如图4-3-17所示。

4. 键槽建模。设置凹槽第一限制尺寸为10，第二限制尺寸为 -4.5，单击"反转方向"按钮，如图4-3-18所示。

5. 螺纹建模。单击"内螺纹/外螺纹"按钮 弹出"定义外螺纹/内螺纹"对话框，在"几何图形定义"选项区中"侧面"选择最右端圆柱面，"限制面"选择右端面；"底部类型"选项区中单击"支持面深度"选项；"数值定义"选项区中单击"公制粗牙螺纹M12"选项，如图4-3-19所示，单击"确定"按钮。

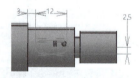

图4-3-17 键槽草图

模块四 装配设计

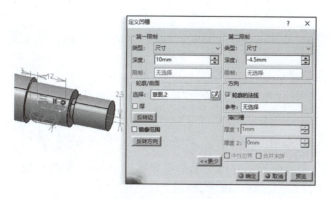

图 4-3-18　定义凹槽

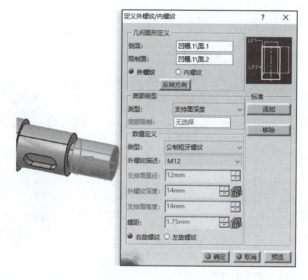

图 4-3-19　定义外螺纹

6. 倒角。右端面倒角 $C1$，完成主动齿轮轴建模，如图 4-3-20 所示。

图 4-3-20　主动齿轮轴建模

主动齿轮轴

7. 文件保存。

【小技巧】
　　如果要修改草图形状和尺寸，或者修改几何体尺寸，可以双击特征树上草图或几何体，进行修改。

139

【注意】
当修改草图尺寸时,零件模型颜色变为红色,运用"更新"命令,即可恢复正常。

【步骤5】 左端盖建模

1. 画外形草图。单击 yz 平面,进入草图工作台,画草图,外形草图如图 4-3-21 所示。

2. 零件建模。单击"凸台" 下拉工具条的"多凸台"按钮 ,弹出"定义多凸台"对话框:单击拉伸域时图中显示拉伸轮廓为蓝色,修改拉伸域长度尺寸,如图 4-3-22 所示,单击"确定"按钮。

3. 画沉头孔圆心点。单击大凸台左端面,进入草图工作台,画 6 个点,尺寸如图 4-3-23 所示。

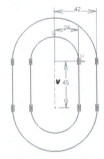

图 4-3-21 外形草图

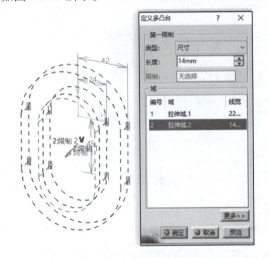

图 4-3-22 定义多凸台

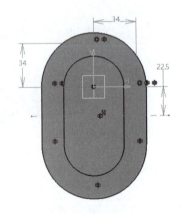

图 4-3-23 沉头孔圆心点

4. 钻沉头孔。单击"孔"按钮 ,先单击一个圆心点,再单击左端面,弹出"定义孔"对话框:"扩展"选项卡中单击"直到最后"选项,文本框"直径"输入 9,如图 4-3-24 所示;在"类型"选项卡中单击"沉头孔"选项,文本框"直径"输入 13,"深度"输入 9,如图 4-3-25 所示,单击"确定"按钮。

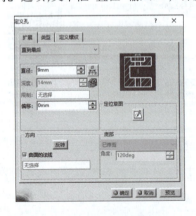

图 4-3-24 定义孔扩展选项卡

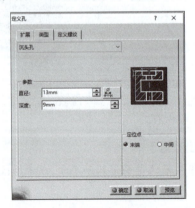

图 4-3-25 定义孔类型选项卡

5. 阵列六个孔。激活亮显沉头孔，单击"矩形阵列"下拉工具条的"用户阵列"按钮，弹出"定义用户阵列"对话框：依次单击图上的其他 5 个点，对话框选项自动显示，如图 4-3-26 所示，单击"确定"按钮。

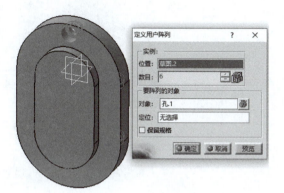

左端盖

图 4-3-26　定义用户阵列

6. 钻轴孔。单击大凸台右端面进入草图，画两个点，一个点在坐标原点，另一个点沿 V 轴向下距离原点 45。

7. 钻孔。单击"孔"按钮，弹出"定义孔"对话框：在"类型"选项卡中单击"简单孔"选项；在"扩展"选项卡中单击"盲孔"选项，文本框"直径"输入 18，"深度"输入 14，"底部形状"选择"V 形底"选项，单击"确定"按钮。

8. 用户阵列轴孔。单击"用户阵列"按钮，单击另一轴孔圆心点，单击"确定"按钮。

9. 画销孔圆心位置点。单击大凸台左端面，画草图，尺寸如图 4-3-27 所示。

10. 保存文件，名称为"zuoduangai"，如图 4-3-28 所示。

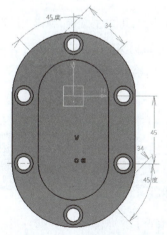

图 4-3-27　销孔圆心点定位

图 4-3-28　左端盖建模

【步骤 6】右端盖建模

1. 画外形草图。单击 zx 平面，进入草图工作台，画草图，如图 4-3-29 所示。

2. 零件建模。单击"凸台"下拉工具条的"多凸台"按钮，弹出"定义多凸台"对话框：单击拉伸域时图中拉伸轮廓显示蓝色，修改拉伸域长度尺寸，如图4-3-30所示，单击"确定"按钮。

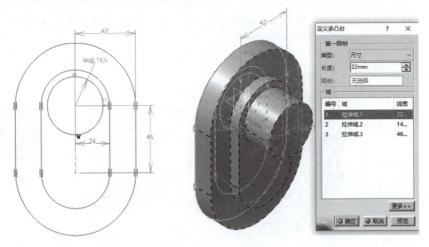

图4-3-29　外形草图　　　　　图4-3-30　定义多凸台

3. 画沉头孔圆心点（同左端盖）。单击大凸台左端面，进入草图工作台，画六个点，尺寸如图4-3-23所示。

4. 钻沉头孔（同左端盖）。单击"孔"按钮 ⬤，先单击点，再单击左端面，弹出"定义孔"对话框：在"扩展"选项卡中单击"直到最后"选项，文本框"直径"输入9；在"类型"选项卡中单击"沉头孔"选项，文本框"直径"输入13，文本框"深度"输入9，单击"确定"按钮。

5. 用户阵列六个孔（同左端盖）。激活亮显沉头孔，单击"矩形阵列" ▦ 下拉工具条的"用户阵列"按钮 ⚒，弹出"定义用户阵列"对话框：依次单击图上的其他5个点，对话框选项自动显示，单击"确定"按钮，如图4-3-26所示。

6. 钻主动轴通孔。单击"孔"按钮 ⬤，先单击圆柱边线，再单击端面，弹出"定义孔"对话框：在"类型"选项卡中单击"沉头孔"选项，文本框"直径"输入26，"深度"输入26，如图4-3-31所示；在"扩展"选项卡中单击"直到最后"选项，文本框"直径"输入18，单击"确定"按钮，如图4-3-32所示。

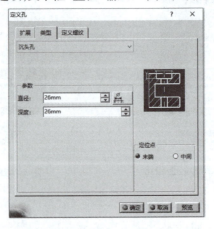

右端盖

图4-3-31　定义孔类型选项卡

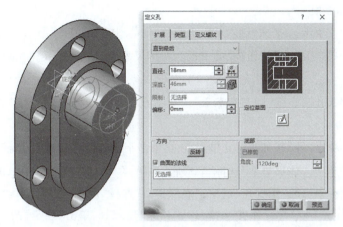

图 4-3-32 定义孔扩展选项卡

7. 钻从动轴孔。单击大凸台端面,进入草图工作台,单击"点"按钮,画一点沿 V 轴向下距离原点 45,退出草图工作台;单击"孔"按钮,先单击点,再单击平面,弹出"定义孔"对话框:在"类型"选项卡中单击"简单孔"选项;在"扩展"选项卡中单击"盲孔"选项,文本框"直径"输入 18"深度"输入 14,"底部类型"选择"V 形底"选项,单击"确定"按钮。

8. 画退刀槽。单击 yz 平面,进入草图工作台,画草图,如图 4-3-33 所示,退刀槽尺寸设置:槽宽 5、槽深 2,退出草图;单击"旋转槽"按钮,绕 Y 轴切出退刀槽,单击"确定"按钮。

9. 画销孔圆心位置点(同左端盖)。单击大凸台左端面,画草图,尺寸如图 4-3-27 所示。

10. 画外螺纹。单击"内螺纹/外螺纹"按钮,弹出"定义外螺纹/内螺纹"对话框,其设置如图 4-3-34 所示。

11. 保存文件,名称为"you duan gai",如图 4-3-35 所示。

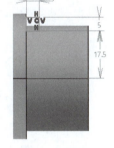

图 4-3-33 退刀槽草图

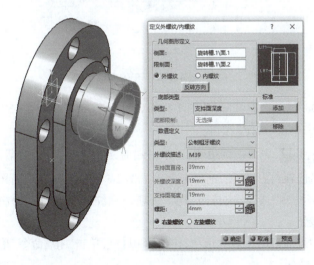

图 4-3-34 定义外螺纹

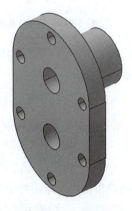

图 4-3-35 右端盖建模

【步骤7】泵体建模

1. 画外形草图。单击 yz 平面,进入草图工作台,画草图如图 4-3-36 所示。

2. 零件建模。单击"凸台"按钮,定义凸台拉伸尺寸为18,镜像,单击"确定"按钮。

泵体

3. 画左端面螺纹孔圆心点(同左右端盖)。单击左端面,进入草图工作台,画六个点,尺寸如图 4-3-23 所示。

4. 画螺纹孔。单击"孔"按钮,先单击点,再单击平面,弹出"定义孔"对话框:在"扩展"选项卡中单击"盲孔"选项,"底部类型"选择"V 形底"选项;在"类型"选项卡中单击"简单孔"选项;在"定义螺纹"选项卡中勾选"螺纹孔"选项,"底部类型"选择"尺寸"选项,"螺纹类型"选择"公制粗牙螺纹 M8"选项,文本框"螺纹深度"输入 12、"孔深"输入 16,单击"确定"按钮。

5. 用户阵列螺纹孔。激活亮显螺纹孔,单击"矩形阵列"下拉工具条的"用户阵列"按钮,弹出"定义用户阵列"对话框:依次单击图上的其他 5 个点,对话框选项自动显示,单击"确定"按钮。

6. 画右端面螺纹孔。步骤同画右端向螺纹孔,此处省略。

7. 画底部。单击 yz 平面,进入草图工作台,画草图如图 4-3-37 所示,退出草图;拉伸凸台尺寸为 17,镜像,单击"确定"按钮。

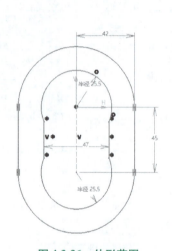

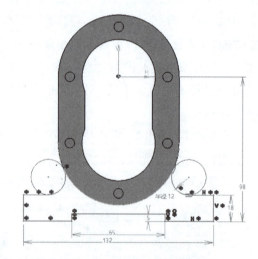

图 4-3-36　外形草图　　　　图 4-3-37　泵体底部草图

8. 画进油口凸台。单击如图 4-3-38 所示平面,进入草图工作台,画草图,尺寸如图 4-3-39 所示,退出草图工作台;拉伸凸台尺寸为 6,单击"确定"按钮。

9. 画进油口螺纹孔。单击"孔"按钮,先单击圆边线,再单击端面,弹出"定义孔"对话框:在"扩展"选项卡中单击"直到下一个"选项;在"类型"选项卡中单击"简单孔"选项;在"定义螺纹"选项卡中勾选"螺纹孔"选项,"底部类型"选择"支持面深度"选项,"螺纹类型"选择"公制细牙螺纹 M20×1.5"选项,单击"确定"按钮。

10. 镜像出油口。单击特征树中的进油口凸台名称选项,按住【Ctrl】键,单击"孔"命令,单击"镜像"按钮,单击 zx 平面,单击"确定"按钮。

11. 保存文件,零件名称为"bengti"。

模块四 装配设计

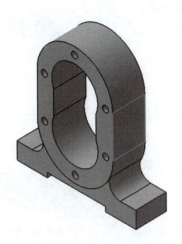

图 4-3-38 单击泵体平面

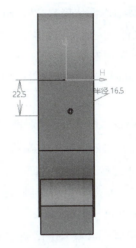

图 4-3-39 画草图

【步骤 8】进入装配工作台

进入装配工作台。在菜单栏中单击"开始"→"机械设计"→"装配设计"命令,进入装配工作台。

> 【注意】
> 随时装配,随时单击菜单栏的"文件"下拉列表——"保存管理"——"拓展目录",以免文件丢失。

【步骤 9】装配泵体

1. 激活 Product。单击特征树中"Product"命令,激活装配建模。

2. 插入泵体。单击"现有部件"按钮,找到文件存储路径,单击"打开"按钮,插入泵体。

3. 更改名称。右击"特征树"中的泵体名称选项,弹出快捷菜单,单击"属性"选项,弹出"属性"对话框,修改实例名称和零件编号为"bengti"。

4. 约束泵体。单击"修复部件"按钮,单击泵体,完成泵体装配,保存管理。

【步骤 10】创建毡垫

1. 激活 Product。单击特征树中"Product"命令,激活装配建模。

泵体毡垫装配

2. 新建零件。单击"零件"按钮,弹出"新零件原点"对话框,单击"否"按钮。

3. 更改名称。右击特征树的新建零件名称选项,弹出快捷菜单,单击"属性"选项,弹出"属性"对话框,修改实例名称和零件编号为"zhandian"。

4. 切换零件工作台。单击特征树中"zhandian"前面的"+"打开特征树,双击下一级"+zhandian",切换到零件工作台。

5. 画草图。单击泵体左端面进入草图,再单击端面轮廓,再单击"投影 3D 元素"按钮,如图 4-3-40 所示,退出草图;拉伸凸台尺寸为 2,单击"确定"按钮。

6. 整理零件建模。隐藏三个坐标影面,折叠特征树。

7. 返回装配工作台。双击"Product"命令,回到装配工作台。

8. 约束。单击"修复部件"按钮,单击毡垫,完成左端面毡垫装配。

9. 创建泵体右端面毡垫。命名"zhandian1"步骤省略。
10. 保存文件。完成毡垫装配,保存管理。

【步骤11】装配左端盖

1. 激活Product。单击特征树中"Product"命令,激活装配建模。

2. 插入左端盖。单击"现有部件"按钮,找到文件存储路径,单击"打开"按钮,插入左端盖。

3. 更改名称。右击特征树的左端盖名称选项,弹出快捷菜单,单击"属性"选项,弹出属性对话框,修改实例名称和零件编号为"zuoduangai",单击"确定"按钮。

4. 拖动左端盖。单击"操作"按钮,单击"沿X轴移动"按钮,再单击左端盖,拖出左端盖。

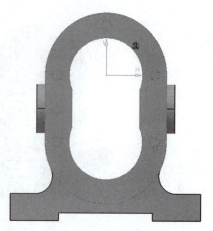

图 4-3-40　毡垫草图

5. 约束。单击"相合约束"按钮,单击泵体上面大圆轴线,再单击左端盖上面大圆轴线,如图4-3-41所示,约束相合;同理,约束下面两大圆轴线相合;单击"接触约束"按钮,单击毡垫左端面,再单击左端盖右端面,约束面接触。

6. 单击"更新"按钮,完成左端盖装配,保存管理。

【步骤12】装配左端盖螺钉

1. 调用螺钉。单击"目录浏览器"按钮,双击"Screws 螺钉"→"ISO 4762标准"→"ISO 4762 SCREW M8×16"选项,弹出"目录预览"对话框,单击"确定"按钮,关闭目录浏览器。

左端盖螺钉装配

2. 显示坐标面。单击特征树"ISO 4762 SCREW M8×16"前面的"+"号打开特征树,再单击下一级"+"号,然后单击xy平面,右击弹出快捷菜单,单击"显示"选项。

3. 拖动螺钉。单击"操作"按钮,单击"沿x轴移动"按钮,再单击螺钉的xy平面,拖出螺钉。

4. 约束。约束螺钉轴线与左端盖沉头孔轴线相合约束;单击"偏移约束"按钮,先单击螺钉头端面,再单击沉头孔大端底面,偏移距离输入8,单击"确定"按钮,如图4-3-42所示。

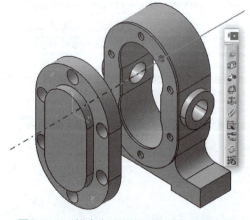

图 4-3-41　约束左端盖与泵体圆柱轴线相合

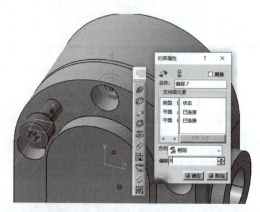

图 4-3-42　螺钉端面与左端盖侧面偏移约束

5. 整理。单击"更新"按钮 ⟳，折叠特征树，完成一个螺钉装配。

6. 装配其他螺钉。单击螺钉激活，再单击"重复使用阵列"按钮 ▦，弹出"在阵列上实例化"对话框，在"阵列"选项区中选择左端盖特征树中"用户阵列.1"，单击"确定"按钮，如图 4-3-43 所示。

7. 整理。隐藏螺钉 xy 平面，折叠特征树，完成六个螺钉装配，保存管理。

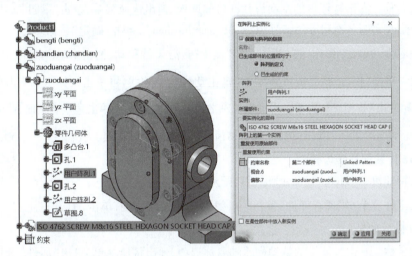

图 4-3-43　装配六个螺钉

【步骤13】 装配左端盖圆柱销

1. 钻孔。在菜单栏中单击"插入"→"装配特征"→"孔"命令，单击左端盖圆柱销圆心点，再单击左端平面，弹出"定义装配特征"对话框，分别将"zhandian"、"bengti"添加到受影响零件；单击定义孔对话框：在"类型"选项卡中单击"简单孔"选项；在"扩展"选项卡中单击"盲孔"选项，文本框"直径"输入 5，"深度"输入 20，"底部类型"选择"V 形底"选项，单击"确定"按钮。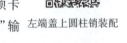
左端盖上圆柱销装配

2. 调用圆柱销。单击"目录浏览器"按钮 ▭，双击"Pins 圆柱销"→"ISO 2340 标准"→"ISO 2340 CLEVIS PIN 5×20"圆柱销规格，弹出"目录预览"对话框，单击"确定"按钮，关闭目录浏览器。

3. 显示坐标面。单击特征树"ISO 2340 CLEVIS PIN 5×20"前面的"＋"号打开特征树，单击下一级"＋"号，再单击 xy 平面，右击弹出快捷菜单，单击"显示"选项。

4. 拖动圆柱销。单击"操作"按钮，单击"沿 X 轴移动"按钮，单击圆柱销的 xy 面，拖出圆柱销。

5. 约束。约束圆柱销轴线与销孔轴线相合约束，单击"偏移约束"按钮，先单击圆柱销端面，再单击左端盖端面偏移距离，输入"0"，单击"确定"按钮。

6. 整理。单击"更新"按钮 ⟳，折叠特征树，完成一个圆柱销装配。

7. 插入第二个圆柱销。单击"快速多实例化"按钮，单击装配特征树的圆柱销名称选项，插入第二个圆柱销。

8. 装配另一个圆柱销，步骤略，完成第二个圆柱销装配，保存管理。

【步骤14】装配主动齿轮轴

1. 激活 Product。单击特征树中"Product"命令,激活装配建模。

2. 插入主动齿轮轴。单击"现有部件"按钮 ,找到文件存储路径,单击"打开"按钮,插入主动齿轮轴。

3. 更改名称。右击特征树的主动齿轮轴名称选项,弹出快捷菜单,单击"属性"选项,弹出"属性"对话框,修改实例名称和零件编号为"zhudongchilunzhou",单击"确定"按钮。

4. 拖动零件。单击"操作"按钮 ,沿 Z 轴旋转、沿 X 轴移动,拖出主动齿轮轴。

5. 约束。单击"相合约束"按钮 ,先单击主动齿轮轴轴线,再单击泵体上面大圆轴线约束相合;单击"接触约束"按钮 ,先单击主动齿轮轴上齿轮的左端面,再单击毡垫右端面,约束面接触。

6. 整理。单击"更新"按钮 ,完成主动齿轮轴装配,保存管理。

【步骤15】装配从动齿轮轴

1. 单击特征树中"Product"命令,激活装配建模。

2. 插入零件。单击"现有部件"按钮 ,找到文件存储路径,单击"打开"按钮,插入从动齿轮轴。

主动齿轮轴、从动齿轮轴装配

3. 更改名称。右击特征树的从动齿轮轴名称选项,弹出快捷菜单,单击"属性"选项,弹出"属性"对话框,修改实例名称和零件编号为"congdongchilunzhou",单击"确定"按钮。

4. 拖动零件。单击"操作"按钮 ,沿 Z 轴旋转、沿 X 轴移动,拖出从动齿轮轴。

5. 约束。单击"相合约束"按钮 。单击从动齿轮轴轴线,再单击泵体下端大圆轴线约束相合;单击"接触约束"按钮 ,先单击从动齿轮轴上齿轮的左端面,再单击毡垫右端面,约束面接触。

6. 更新。单击"更新"按钮 ,完成从动齿轮轴装配;

7. 约束角度。约束主动齿轮轴与从动齿轮轴角度约束。如果从动齿轮轴装配后两个齿轮轴轮齿没有完全啮合,如图 4-3-44 所示,单击"角度约束"按钮 ,打开特征树,单击主动齿轮轴 yz 平面,再单击从动齿轮轴 yz 平面,弹出"约束属性"对话框,文本框"角度"输入 12,单击"确定"按钮。

8. 整理。单击"更新"按钮 ,齿轮完全啮合,如图 4-3-45 所示,保存管理。

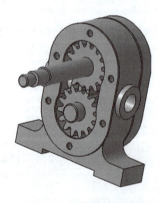

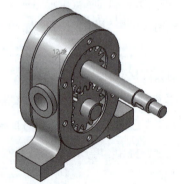

键、传动齿轮装配

图 4-3-44　轮齿未啮合　　　　图 4-3-45　轮齿完全啮合

模块四 装配设计

【步骤 16】 装配右端盖

1. 激活 Product。单击特征树中"Product"命令,激活装配建模。

2. 插入零件。单击"现有部件"按钮 ,找到文件存储路径,单击"打开"按钮,插入右端盖。

3. 更改名称。右击特征树的右端盖名称选项,弹出快捷菜单,单击"属性"选项,弹出"属性"对话框,修改实例名称和零件编号为"youduangai",单击"确定"按钮。

4. 拖动零件。单击"操作"按钮 ,沿 Z 轴旋转、沿 X 轴移动按钮,再单击右端盖,拖出右端盖。

5. 约束。单击"相合约束"按钮 ,先单击泵体上面大圆轴线,再单击右端盖上端大圆轴线,约束相合;同理,约束下端大圆轴线相合;单击"接触约束"按钮 ,先单击毡垫 1 右端面,再单击右端盖左端面,约束面接触。

6. 整理。单击"更新"按钮 ,完成右端盖装配,保存管理。

【步骤 17】 装配右端盖螺钉

1. 激活 Product。单击特征树中"Product"命令,激活装配建模;右端盖螺钉装配与左端盖相同。

2. 插入螺钉。单击特征树"ISO 4762 SCREW M8×16"名称选项,单击"快速多实例化"按钮 ,插入一个螺钉。

右端盖装配

3. 拖动零件。单击"操作"按钮 ,沿 X 轴移动、沿 Z 轴转动,拖出螺钉。

4. 约束。约束螺钉轴线与右端盖沉头孔轴线相合约束;单击"偏移约束"按钮 ,先单击螺钉头端面,再单击沉头孔大端底面偏移距离,输入 8,单击"确定"按钮。

5. 整理。单击"更新"按钮 ,折叠特征树,完成一个螺钉装配。

6. 装配其他螺钉。单击螺钉激活后单击"重复使用阵列"按钮 ,弹出"在阵列上实例化"对话框,在"阵列"选项区中选择右端盖特征树中"用户阵列 1",单击"确定"按钮。

7. 整理。折叠特征树,完成六个螺钉装配,保存管理。

【步骤 18】 装配右端盖圆柱销

1. 激活 Product。单击特征树中"Product"命令,激活装配建模;右端盖圆柱销装配与左端盖相同。

2. 钻孔。在菜单栏中单击"插入"→"装配特征"→"孔"命令,单击右端盖圆柱销圆心点后单击平面,弹出"定义装配特征"对话框,分别单击"zhandian1"、"bengti"添加到受影响零件;单击定义孔对话框:在"类型"选项卡中单击"简单孔"选项;在"扩展"选项卡中单击"盲孔"选项,文本框"直径"输入 5,"深度"输入 20,"底部类型"选择"V 形底",单击"确定"按钮。

3. 插入零件。单击特征树的"ISO 2340 CLEVIS PIN 5×20"名称选项,单击"快速多实例化"按钮 ,插入一个圆柱销。

4. 显示坐标面。单击特征树的"ISO 2340 CLEVIS PIN 5×20"前面的" ┤ "号,单击下一级" + "号,再单击 xy 平面,右击,弹出下拉菜单,单击"显示"选项。

5. 拖动零件。单击"操作"按钮 ,单击"沿 X 轴移动"按钮,单击圆柱销的 xy 平面,拖出圆柱销。

6. 约束。约束圆柱销轴线与销孔轴线相合约束;单击"偏移约束"按钮 ,先单击圆柱销端面,再单击右端盖端面偏移距离,输入0,单击"确定"按钮。

7. 整理。单击"更新"按钮 ⊚,折叠特征树,完成右端盖一个圆柱销装配。

8. 装配另一个圆柱销。单击"快速多实例化"按钮 ,单击装配特征树的圆柱销,插入第二个圆柱销;其他步骤略。

9. 整理。单击"更新"按钮 ⊚,折叠特征树,完成右端盖第二个圆柱销装配,保存管理。

【步骤19】 创建毛毡填料

1. 激活 Product。单击特征树中"Product"命令,激活装配建模。

2. 新建零件。单击"零件"按钮 ,弹出"新零件原点"对话框,单击"否"按钮。

3. 更改名称。右击特征树的新建零件名称选项,弹出快捷菜单,单击"属性"选项,弹出"属性"对话框,修改实例名称和零件编号为"maozhantianliao",单击"确定"按钮。

4. 切换零件工作台。单击特征树"maozhantianliao"前面的" + "打开特征树,双击下一级" + maozhantianliao"名称选项,切换到零件工作台。

5. 零件建模。

(1)进入草图工作台。单击右端盖如图 4-3-46 所示平面,进入草图工作台;

(2)显示绘图平面。显示图形,如图 4-3-47 所示;

(3)翻转草图。单击绘图区下方通用工具栏的"法向视图"按钮 ,图形翻面;

(4)画草图。单击端面轮廓,如图 4-3-48 所示,单击"投影 3D 元素"按钮 ,退出草图;

毛毡填料、
填料压套装配

(5)创建实体。拉伸凸台,尺寸输入 12,反转方向,单击"确定"按钮;

(6)整理。隐藏三个坐标面,折叠特征树;

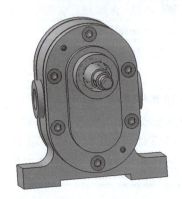

图 4-3-46　单击图中平面画草图

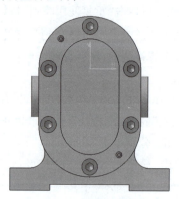

图 4-3-47　显示绘图平面

图 4-3-48　画草图

(7)回到装配工作台。双击特征树中"Product"命令,回到装配工作台;完成毛毡填料装配,保存管理。

【步骤20】 创建填料压套

1. 激活 Product。单击特征树中"Product"命令,激活装配建模。

2. 新建零件。单击"零件"按钮 ,弹出"新零件原点"对话框,单击"否"按钮。

3. 修改名称。右击特征树的新建零件名称选项,弹出快捷菜单,单击"属性"选项,弹出"属性"对话框,修改实例名称和零件编号为"tianliaoyatao",单击"确定"按钮。

4. 切换零件工作台。单击特征树"tianliaoyatao"前面的"＋"打开特征树,双击下一级"＋tianliaoyatao"名称选项,切换到零件工作台。

5. 零件建模。

(1)进入草图工作台。单击毛毡填料端面,进入草图工作台;

(2)翻转图形。单击绘图区下方通用工具栏的"法向视图"按钮,图形翻面;

(3)画草图。单击毛毡填料端面轮廓,单击"投影3D元素"按钮,退出草图;

(4)创建实体。拉伸凸台,尺寸输入21、反转方向,单击"确定"选项;

(5)整理。隐藏三个坐标面,折叠特征树;

(6)回到装配工作台。双击特征树中"Product"命令,回到装配工作台,完成填料压套装配,保存管理。

【步骤21】创建填料压盖

1. 激活 Product。单击特征树中"Product"命令,激活装配建模。

2. 新建零件。单击"零件"按钮,弹出"新零件原点"对话框,单击"否"按钮。

填料压盖装配

3. 修改名称。右击特征树的新建零件名称选项,弹出快捷菜单,单击"属性"选项,弹出"属性"对话框,修改实例名称和零件编号为"tianliaoyagai",单击"确定"按钮。

4. 切换零件工作台。单击特征树"tianliaoyagai"前面的"＋"打开特征树,双击下一级"＋tianliaoyagai"名称选项,切换到零件工作台。

5. 零件建模。

(1)画草图。单击 zx 平面,进入草图工作台,画草图,如图4-3-49所示,退出草图;

(2)创建实体。绕 X 轴旋转实体;

(3)创建孔。单击"孔"按钮,先单击填料压盖左端外圆边线,再单击填料压盖左端面,弹出"定义孔"对话框:在"类型"选项卡中单击"简单孔"选项;在"扩展"选项卡中单击"盲孔"选项,"底部类型"选择"平底"选项;在"定义螺纹"选项卡中勾选"螺纹孔"选项;"底部类型"选择"尺寸"选项,"螺纹类型"选择"公制细牙螺纹 M39×3",文本框"螺纹深度"输入20,"钻孔深度"输入20,单击"确定"按钮;

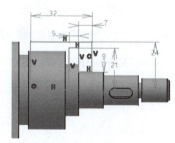

图 4-3-49　画草图

(4)创建孔。单击 zx 平面,进入草图,画圆 φ5,距离填料压盖右端面尺寸为21,退出草图工作台;定义凹槽,尺寸输入30,镜像,单击"确定"按钮;

(5)创建另一方向孔。单击 xy 平面,进入草图工作台,画圆 φ5,距离填料压盖右端面21,退出草图工作台;定义凹槽,尺寸输入30,镜像单击"确定"按钮;

(6)整理。隐藏三个坐标面,折叠特征树。

6. 回到装配工作台。双击特征树中"Product"命令,回到装配工作台,完成填料压套装配,保存管理。

【步骤22】创建零件键

1. 激活 Product。单击特征树中"Product"命令,激活装配建模。

2. 新建零件。单击"零件"按钮，弹出"新零件原点"对话框，单击"否"按钮。

3. 修改名称。右击特征树的新建零件名称选项，弹出快捷菜单，单击"属性"选项，弹出"属性"对话框，修改实例名称和零件编号为"jian"，单击"确定"按钮。

4. 进入零件工作台。单击特征树"jian"前面的"+"打开特征树，双击下一级"+jian"名称选项，切换到零件工作台。

5. 零件建模。

（1）进入草图工作台。单击主动齿轮轴键槽底面，进入草图工作台；

（2）画草图。单击键槽轮廓，单击"投影3D元素"按钮，退出草图；

（3）创建实体。拉伸凸台，尺寸输入5，单击"确定"按钮；

（4）整理。隐藏三个坐标面，折叠特征树；

6. 回到装配工作台。双击特征树中"Product"命令，回到装配工作台。

7. 约束。单击"修复部件"按钮，单击键，约束零件。

8. 保存文件。完成键装配，保存管理。

【步骤23】装配传动齿轮

1. 激活 Product。单击特征树中"Product"命令，激活装配建模。

2. 插入零件。单击"现有部件"按钮，找到文件存储路径，单击"打开"按钮，插入传动齿轮。

3. 修改名称。右击特征树的传动齿轮名称选项，弹出快捷菜单，单击"属性"选项，修改实例名称和零件编号为"chuandongchilun"，单击"确定"按钮。

4. 拖动零件。单击"操作"按钮，绕Z轴转动、沿X轴移动，拖出传动齿轮。

5. 约束。单击"相合约束"按钮，先单击主动齿轮轴轴线，再单击传动齿轮轴线约束相合。单击"接触约束"按钮，先单击传动齿轮左端面，再单击主动齿轮轴键槽轴段左端面，约束面接触；单击"相合约束"按钮，单击键的两个侧面，分别与传动齿轮相应的键槽侧面约束相合。

6. 文件保存。单击"更新"按钮，完成传动齿轮装配，保存管理。

【步骤24】装配垫圈

1. 激激活 Product。单击特征树中"Product"命令，激活装配建模。

2. 调用垫圈。单击"目录浏览器"按钮，双击"Washers 垫圈"→"ISO 7089 标准"→"ISO 7089 WASHER 12×24"垫圈规格，弹出"目录预览"对话框，单击"确定"按钮，关闭目录浏览器。

3. 显示坐标面。单击特征树"ISO 7089 WASHER 12×24"前面的"+"号打开特征树，再单击下一级"+ISO 7089 WASHER 12×24"，单击 xy 平面，右击，弹出快捷菜单，单击"显示"选项。

4. 拖动零件。单击"操作"按钮，单击"沿X轴移动"按钮，单击垫圈的 xy 平面，拖出垫圈。

5. 约束。约束主动齿轮轴轴线与垫圈轴线相合约束；单击传动齿轮右端面，再单击垫圈左端面约束面接触。

6. 整理。单击"更新"按钮，折叠特征树，完成垫圈装配，保存管理。

【步骤25】装配螺母

1. 激活 Product。单击特征树中"Product"命令，激活装配建模。

垫圈、螺母装配

2. 调用螺母。单击"目录浏览器"按钮，双击"Nuts 螺母"→"ISO 4032 标准"→"ISO 4032 NUT M12"螺母规格，弹出"目录预览"对话框，单击"确定"按钮，关闭目录浏览器。

3. 显示坐标面。单击特征树"ISO 4032 NUT M12"前面的"+"号打开特征树，单击下一级"+ ISO 4032 NUT M12"，单击 xy 平面，右击，弹出快捷菜单，单击"显示"选项。

4. 拖动零件。单击"操作"按钮，单击"沿 X 轴移动"按钮，单击螺母的 xy 平面，拖出螺母。

5. 约束。约束主动齿轮轴轴线与垫圈轴线相合约束；单击传动齿轮右端面，再单击垫圈左端面约束面接触。

6. 整理。单击"更新"按钮，折叠特征树，完成螺母装配，保存管理。

【步骤26】整理装配

设置颜色和透明度。右击特征树零件名称，弹出快捷菜单，单击"属性"选项，弹出"属性"对话框，设置颜色和透明度，完成齿轮泵装配，如图 4-3-50、图 4-3-51 所示。

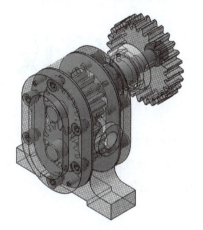

图 4-3-50　齿轮泵装配建模

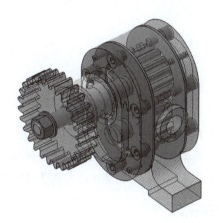

图 4-3-51　齿轮泵装配建模

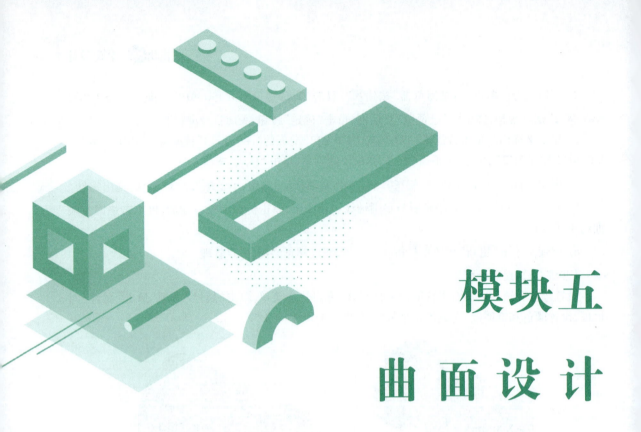

模块五
曲面设计

  CATIA 曲面设计包括多个工作台,使用最多的是创成式外形设计工作台,模块五主要应用创成式外形设计工作台进行曲面设计。模块的项目内容主要依据模块二零件工作台无法创建棱锥体模型及专业基础课学过标准件与常用件的原因,确定项目为:锥体和弹簧。

学习指南

  1. CATIA 曲面是没有厚度和质量的,因此,曲面设计完成后,要切换到零件设计工作台进行封闭曲面或厚曲面,将曲面变成实体。

  2. 曲面设计操作非常灵活,有些草图不用进入草图工作台,在创成式工作台就可以直接画线框。

  3. 书中线性尺寸单位是毫米(mm),这里一律省略单位注写。

项目一 锥体设计

学习目标

1. 熟悉曲面设计的直线、扫略、填充面、圆形阵列、接合及零件设计的封闭实体、应用材料等命令。
2. 能够创建三棱锥、五角星等零件模型。

项目分析

由于棱锥体有棱面和锥顶,所以,无法通过零件工作台建模。锥体曲面的建模需要先创建曲面线框,然后再构建曲面。

◎ 任务一 三棱锥设计

学习重点 >>>

三棱锥设计

学习进入创成式外形设计工作台及"直线"命令、"扫略曲面"命令、"封闭曲面"命令和特征的隐藏操作。

【步骤1】进入界面

进入创成式工作台。在菜单栏中单击"开始"→"形状"→"创成式外形设计"命令,弹出"新建零件"对话框,文本框"输入零件名称"输入 Part1(不勾选选项),单击"确定"按钮。

【步骤2】构建线框

1. 进入草图工作台。单击 xy 平面,进入草图工作台。

2. 画圆。单击"圆"按钮 ⊙,单击坐标原点,在草图工具文本框"R",输入 30,按【Enter】键,完成圆形创建,如图 5-1-1 所示。

3. 等分圆。单击"点"工具条 的"等距点"按钮 ,弹出"等距点定义"对话框,文本框"新点"输入 3,如图 5-1-2 所示,单击"确定"按钮。

图 5-1-1 创建圆

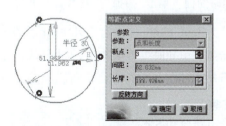

图 5-1-2 等距点定义

4. 画三角形。单击"轮廓"按钮，依次连接三点，如图5-1-3所示；单击构造/标准元素按钮，将外圆变成构造元素，如图5-1-4所示，完成三角形创建，退出草图工作台。

图 5-1-3　画三角形　　　　图 5-1-4　外圆变为构造元素

5. 创建直线。

(1) 创建棱锥的高，单击"直线"按钮，弹出"直线定义"对话框："线型"选择"点-方向"；"点"文本框中单击坐标原点；右击"方向"文本框，弹出快捷菜单，单击"Z 部件"选项；"终点"文本框输入60，如图5-1-5所示，单击"确定"按钮；

(2) 创建三棱锥的棱，单击"直线"按钮，弹出"直线定义"对话框："线型"选择"点-点"选项；"点1"文本框单击直线顶点；"点2"文本框单击三角形顶点，如图5-1-6所示，单击"确定"按钮，完成线架构建。

图 5-1-5　创建高　　　　图 5-1-6　创建棱线

【步骤3】 扫掠曲面

1. 扫略曲面。单击"扫掠"按钮，弹出"扫掠曲面定义"对话框："轮廓类型"中单击"显示"按钮；"子类型"选择"使用两条引导曲线"选项；"轮廓"文本框，单击三角形；"引导曲线1"文本框，单击高；"引导曲线2"文本框，单击棱线，如图5-1-7所示，单击"确定"按钮，完成三棱锥面，如图5-1-8所示。

【注意】
两条引导曲线不能互换，引导曲线1必须是过原点的竖直线，才能扫掠出三棱锥面。

2. 整理。按住【Ctrl】键，在特征树上依次单击"草图1"、"直线1"、"直线2"，右击弹出快捷菜单，单击"隐藏/显示"选项，隐藏线架如图5-1-9所示。

模块 五 曲面设计

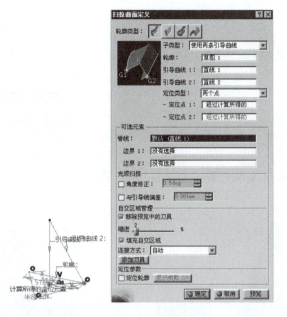

图 5-1-7　扫略曲面定义

【步骤4】封闭实体

1. 切换零件工作台。在菜单栏中单击"开始"→"机械设计"→"零件设计"命令,进入零件工作台。

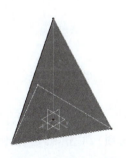

图 5-1-8　扫略曲面

图 5-1-9　隐藏线架

2. 封闭曲面。单击"厚曲面"按钮 下拉工具条的"封闭曲面"按钮 ,弹出"定义封闭曲面"对话框:"要封闭的对象"文本框,单击特征树的"扫掠.1"选项,如图 5-1-10 所示,单击"确定"按钮,隐藏特征树的扫掠 1 曲面,如图 5-1-11 所示,完成三棱锥创建。

图 5-1-10　定义封闭曲面

图 5-1-11　创建实体

157

3. 文件保存。

🔔【注意】
出现警告单击确定即可如图 5-1-12 所示。

📎 拓展练习

1. 请应用 CATIA 软件完成五棱锥建模,尺寸不限,如图 5-1-13 所示。

2. 请应用 CATIA 软件完成六棱锥建模,尺寸不限,如图 5-1-14 所示。

图 5-1-12 弹出警告

图 5-1-13 拓展练习 1　　视频讲解　　　　图 5-1-14 拓展练习 2　　视频讲解

◎ 任务二　五角星设计

学习重点 >>>

学习"填充曲面"命令、"曲面接合"命令、"圆形阵列"命令和"应用材料"命令。

五角星设计

【步骤1】 进入界面

进入创成式工作台。在菜单栏中单击"开始"→"形状"→"创成式外形设计"命令,弹出"新建零件"对话框,文本框"输入零件名称"输入 Part1(不勾选选项),单击"确定"按钮。

【步骤2】 构建线框

1. 进入草图工作台。单击 xy 平面,进入草图工作台。

2. 画圆。单击"圆"按钮 ⊙,单击坐标原点,在草图工具"R"文本框,输入 50,按【Enter】键,完成圆形创建。

3. 画草图。

(1)等分圆。单击"等距点"按钮,将圆五等分;

(2)创建直线。单击"直线"按钮,画草图,如图 5-1-15 所示;

(3)求交点。单击"相交点"按钮,先单击左侧直线,再单击横线,得到一个交点;同理,单击右侧直线,再单击横线,得到另一个交点;

(4)保留三个点。保留三角形的 3 个顶点,将图中圆、3 条直线、圆上另外 4 个点,全部变成构造线,如图 5-1-16 所示,退出草图工作台。

模块 五　曲面设计

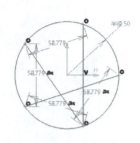

图 5-1-15　画直线

图 5-1-16　保留三个点

4. 构建线框。

(1)双击"直线"按钮 ∠，弹出"直线定义"对话框："线型"选择"点-方向"选项；右击"点"文本框，弹出快捷菜单，单击"创建点"选项，如图 5-1-17 所示；弹出"点定义"对话框："点类型"选择"坐标"选项，输入点的坐标(0,0,0)，单击"确定"选项，如图 5-1-18 所示；返回"直线定义"对话框：右击方向文本框，弹出快捷菜单，单击"Z 部件"选项，如图 5-1-19 所示；起点文本框输入 0，终点文本框输入 20，单击"确定"按钮；

图 5-1-17　创建直线的点

图 5-1-18　定义点

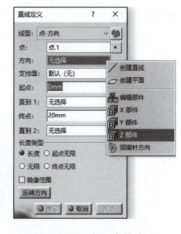

图 5-1-19　定义直线方向

(2)画线框。继续画直线，"线型"选择"点-点"选项，如图 5-1-20 所示，画出五条直线，完成线框创建。

【步骤3】创建五角星曲面

1. 创建填充面。

图 5-1-20　画线框

(1)填充面 1。单击"填充面"按钮 ⌒，弹出"填充曲面定义"对话框，依次单击三条直线，显示封闭轮廓，单击"确定"按钮，如图 5-1-21 所示；

(2)填充面 2。同理，填充另一个三角形面，如图 5-1-22 所示；

(3)隐藏线框。单击特征树中的"草图 1"，按住【Ctrl】键，依次单击所有直线，右击弹出快捷菜单，单击"隐藏"选项，完成填充面。

2. 圆形阵列五角星表面。

(1)接合曲面。单击"接合"按钮 ▣，依次单击两个填充面，如图 5-1-23 所示，单击"确定"按钮；

159

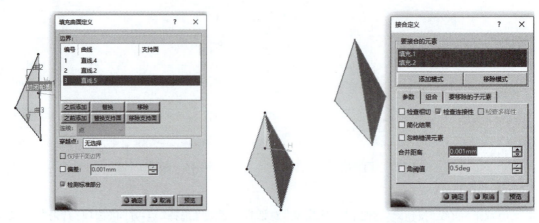

图 5-1-21 填充曲面定义　　图 5-1-22 填充面 2　　图 5-1-23 接合曲面

（2）阵列曲面。单击"矩形阵列" 下拉工具条的"圆形阵列"按钮，单击特征树的"接合 1"选项，弹出"定义圆形阵列"对话框：在"轴向参考"选项卡中，"参数"选择"完整径向"选项；"实例"文本框输入 5，右击"参考元素"文本框，弹出快捷菜单，单击"Z 轴"选项，如图 5-1-24 所示，单击"确定"按钮；

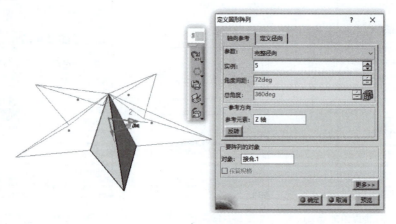

图 5-1-24 圆形阵列

（3）接合五角星曲面。单击"接合"按钮，单击特征树"接合 1"中的"圆形阵列 1"，完成五角星曲面创建，如图 5-1-25 所示。

图 5-1-25 接合曲面

【注意】

圆形阵列对话框的实例,输入5,是包括已创建的曲面一共5个,实际多出来4个,所以,创建五角星曲面时,要将接合1和圆形阵列再一次接合。

【步骤4】创建五角星实体

3. 切换零件工作台。在菜单栏中单击"开始"→"机械设计"→"零件设计"命令,进入零件工作台。

4. 创建五角星实体。

(1)封闭曲面。单击"分割实体" 下拉工具条的"封闭曲面"按钮 ,单击特征树中"接合2",弹出"定义封闭曲面"对话框,单击"确定"按钮,如图5-1-26所示,隐藏接合2;

(2)镜像实体。单击"镜像"按钮 ,弹出"定义镜像"对话框:"镜像元素"文本框中单击 xy 面,单击"确定"按钮,完成五角星实体创建,如图5-1-27所示。

图 5-1-26　封闭曲面

图 5-1-27　创建五角星实体

5. 应用材料。

(1)应用材料。单击绘图区下方通用工具栏的"应用材料"按钮 ,单击特征树"零件几何体"选项,弹出"库"对话框,在"Painting"选项卡中,单击"Fire Red"选项,单击"确定"按钮;

(2)显示材质。单击绘图区下方的通用工具栏,单击"着色下拉工具条"的"含材料着色"按钮 ,显示红色五角星,如图5-1-28所示。

6. 文件保存。

图 5-1-28　应用材料的五角星

项目二　弹簧设计

学习目标

1. 熟悉曲面设计的"直线"、"扫略"、"填充面"、"圆形阵列"、"接合"及零件设计的"封闭实体"等命令。

2. 能够创建螺旋弹簧、环形弹簧等零件模型。

项目分析

弹簧是应用广泛的常用件,主要用于减振、夹紧、存储能力、复位和测力等。螺旋弹簧建模要先创建螺旋线,然后扫略曲面。

◎ 任务一 螺旋弹簧设计

学习重点 >>>

学习"螺旋线"命令和"圆形扫略"命令。

【步骤1】进入界面

螺旋弹簧设计

进入创成式工作台。在菜单栏中单击"开始"→"形状"→"创成式外形设计"命令,弹出"新建零件"对话框,文本框"输入零件名称"输入 Part1(不勾选选项),单击"确定"按钮。

【步骤2】创建螺旋线

画螺旋线。单击"样条线"下拉工具条的"螺旋"按钮,弹出"螺旋曲线定义"对话框,如图5-2-1所示;右击"起点"文本框,弹出快捷菜单,单击"创建点"选项,弹出"点定义"对话框:"点类型"选择"坐标"选项,输入坐标(20,0,0),单击"确定"按钮,如图5-2-2所示;回到"螺旋曲线定义"对话框:右击"轴"文本框,弹出快捷菜单,单击"Z轴"选项,"螺距"文本框输入10;"高度"输入100,单击"确定"按钮。

【步骤3】扫略弹簧

创建弹簧曲面。单击"扫略"按钮,弹出"扫略曲面定义"对话框:"轮廓类型"中单击"圆"按钮;"子类型"选择"圆心和半径"选项;"中心曲线"文本框中单击螺旋线;"半径"文本框输入2,如图5-2-3所示,单击"确定"按钮,隐藏螺旋线。

图 5-2-1 创建螺旋线

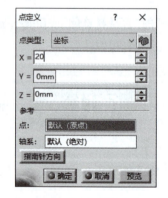

图 5-2-2 创建点

【步骤4】 创建实体

1. 切换零件工作台。在菜单栏中单击"开始"→"机械设计"→"零件设计"命令,进入零件工作台。

2. 封闭实体。单击"封闭曲面"按钮,单击扫略弹簧曲面,完成实体封闭,隐藏扫略曲面。

3. 应用材料。单击"应用材料"按钮,"Metal"选项卡中单击 Iron 选项,单击"确定"按钮,单击含材料着色按钮,如图 5-2-4 所示。

4. 文件保存。

图 5-2-3 扫略曲面

图 5-2-4 应用材料

◎ 任务二 环形弹簧设计

学习重点 >>>

学习"直线扫略"命令、"法则曲线"命令和"提取"命令。

【步骤1】 进入界面

环形弹簧设计

进入创成式工作台。在菜单栏中单击"开始"→"形状"→"创成式外形设计"命令,弹出"新建零件"对话框,文本框"输入零件名称"输入 Part1(不勾选选项),单击"确定"按钮。

【步骤2】 扫略环形螺旋面

1. 画圆。单击 xy 平面,进入草图工作台;单击"圆"按钮,画圆 R80,退出草图。

2. 扫略环形螺旋面。单击"扫略"按钮,弹出"扫略曲面定义"对话框:"轮廓类型"中单击"直线"按钮,"子类型"选择"使用参考曲面"选项,"引导曲线"文本框,单击圆,"参考曲面"文本框,单击 xy 平面;单击"角度"后面的"法则曲线"按钮,弹出"法则曲线定义"对话框;勾选"线性"选项,"结束值"文本框输入 360 * 20,如图 5-2-5 所示,单击"关闭"按钮;回到"扫略曲面定义"对话框:"长度 1"文本框输入 8,如图 5-2-6 所示,单击"确定"按钮,隐藏草图圆,如图 5-2-7 所示。

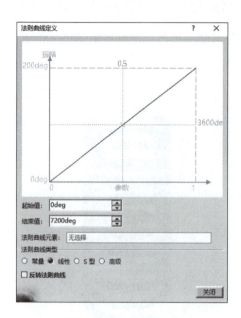

图 5-2-5　法则曲线定义

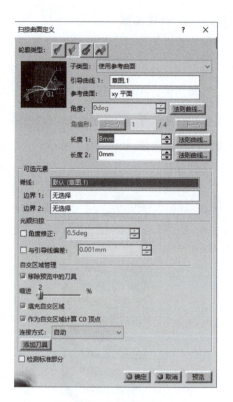

图 5-2-6　扫掠曲面定义

【步骤3】扫略环形弹簧

1. 提取环形螺旋线。单击"边界"![icon]下拉工具条的"提取"按钮![icon]，弹出"提取定义"对话框："拓展类型"选择"无拓展"选项；"要提取的元素"文本框中单击环形扫略曲面的边线，如图5-2-8所示，单击"确定"按钮。

图 5-2-7　扫略环形螺旋面　　　　　　　　图 5-2-8　提取边线

2. 扫略环形弹簧。单击"扫略"按钮![icon]，弹出"扫略曲面定义"对话框："轮廓类型"中单击"圆"按钮![icon]；"子类型"选择"圆心和半径"选项；"中心曲线"文本框，单击提取的环形螺旋线；"半径"文本框输入3，如图5-2-9所示，单击"确定"按钮，隐藏扫略1、提取1。

【步骤4】创建实体

1. 切换零件工作台。在菜单栏中单击"开始"→"机械设计"→"零件设计"命令，进入零件工